中等职业学校公共基础课程教材

Information Technology

信息技术
学习辅导与练习
基础模块

（WPS Office｜上册）

朱庆　邓晓宁　邓永生　主编
杨小刚　周红颖　李小亚　刘玉洁　副主编

人民邮电出版社
北京

图书在版编目（CIP）数据

信息技术学习辅导与练习 ：基础模块. WPS Office.
上册 / 朱庆，邓晓宁，邓永生主编. -- 北京 ：人民邮
电出版社，2024. 7. --（中等职业学校公共基础课程教
材）. -- ISBN 978-7-115-64692-7

Ⅰ. TP3

中国国家版本馆 CIP 数据核字第 2024HR0006 号

内 容 提 要

　　本书是中等职业学校公共基础课程教材《信息技术（基础模块）（WPS Office）（上册）》的配套用书，依据教
育部发布的《中等职业学校信息技术课程标准（2020 年版）》编写。全书共 3 个模块，包括信息技术应用基础、网
络应用和图文编辑。每个模块均提供了大量与主教材内容匹配的练习题，包括选择题、填空题、判断题、简答题、
操作题，在学习案例中还提供了思考题。本书题型经典、题量丰富，可以帮助学生快速、准确地巩固相关内容，提
升信息技术应用能力。

　　本书适合作为中等职业学校信息技术课程教材的配套用书，也可供职场中需要学习信息技术应用基础知识的人
员学习参考。

◆ 主　　编　朱　庆　邓晓宁　邓永生
　　副 主 编　杨小刚　周红颖　李小亚　刘玉洁
　　责任编辑　赵　亮
　　责任印制　王　郁　焦志炜
◆ 人民邮电出版社出版发行　　北京市丰台区成寿寺路 11 号
　　邮编　100164　电子邮件　315@ptpress.com.cn
　　网址　https://www.ptpress.com.cn
　　涿州市般润文化传播有限公司印刷
◆ 开本：889×1194　1/16
　　印张：8　　　　　　　　　　　2024 年 7 月第 1 版
　　字数：163 千字　　　　　　　　2025 年 9 月河北第 3 次印刷

定价：23.80 元

读者服务热线：**(010)81055256**　印装质量热线：**(010)81055316**
反盗版热线：**(010)81055315**

前　言

　　自 20 世纪 40 年代以来，随着计算机的诞生、发展与普及，人类逐渐迈入了信息时代。在这个互联网高度发达的信息化社会中，掌握和应用各种信息技术，已经成为高级人才必备的一种基本技能和综合能力。为了提升学生的学科核心素养，拓展学生的学科思维，满足新一代信息技术人才培养的要求，我们基于《信息技术（基础模块）（WPS Office）（上册）》主教材的教学需求，特意编写了本书。本书将信息技术的学习与练习结合起来，让学生通过练习进一步巩固信息技术知识，增强技能训练，提升动手能力和实践能力。

 **一、本书内容**

　　本书主要包括以下 3 个模块，各模块具有不同的学习与练习重点。

　　模块 1：信息技术应用基础。该模块主要考查学生信息技术、信息社会与信息系统基础、信息技术设备的选用与连接、操作系统的使用、信息资源管理、系统维护等方面的知识，同时引导学生强化信息意识，培养信息社会责任素养，坚定社会责任感。

　　模块 2：网络应用。该模块主要考查学生网络基础、网络配置、网络资源获取、网络交流与信息发布、网络工具的运用、物联网基础等方面的知识，同时引导学生建立正确的价值观和爱国信念，培养自主探究、团结协作的意识，坚定自律、自强的学习态度。

　　模块 3：图文编辑。该模块主要考查学生图文编辑软件的基本操作、文本格式设置、表格制作、图形绘制、图文编排等方面的知识，同时引导学生加强创新意识，培养美学素养，提高设计能力和软件操作能力。

二、本书特点

　　本书结合系统化的教学框架和内容，对信息技术基础知识进行全面的提炼，总结出各类题型。总体来说，本书具有以下特点。

　　（1）目标明确。本书各项目均通过"知识目标""技能目标""素养目标"明确各项目的学习目的，不仅引导了教师的教学行为，还为学生指明了学习的方向和目标，让教师和学生都能很好地判断是否达到预期效果。

（2）案例导入。本书各项目均以"学习案例"引入，通过案例展示了与信息技术相关的国家政策方针、行业现状、行业趋势，以及信息技术在实际生活中的应用，拓展学生知识面的同时增强学生对信息技术的理解。

（3）思维拓展。本书每个模块的"学习案例"都提出了思考题，让学生可以通过案例联系实际，引发学生对相关信息技术的思考和探索，加深学生对信息技术的理解，拓展学生的思维能力。

（4）技能强化。本书基于对主教材内容的梳理和筛选，通过"课堂测验"板块组织了选择题、填空题、判断题、简答题和操作题，这些题目紧贴信息技术课程标准的要求，能够有针对性地强化学生对信息技术的理解与应用能力。

（5）素养提升。本书在"学习目标""学习案例""课堂测验"等板块中结合前沿技术、未来职业要求、学习和生活应用场景等，以润物细无声的方式培养学生的信息意识，发展学生的计算思维，让学生树立正确的信息社会价值观和责任感，最终使学生具有符合时代要求的信息素养与适应职业发展需要的信息能力。

（6）兴趣培养。本书将理论、应用和实操紧密结合，内容涉及信息技术的方方面面，为学生了解并学习信息技术提供了很好的指引。同时，本书各项目后的"课后总结"板块还对所学知识进行了全面的分析和总结，不仅可以加强学生对知识的理解，还能进一步培养学生的学习兴趣。

本书配有素材文件、效果文件、习题答案等教学资源，读者可以登录人邮教育社区（http://www.ryjiaoyu.com）网站免费下载。

由于编者水平有限，书中难免存在不足之处，欢迎广大读者批评指正。

编　者
2024 年 4 月

目 录

模块1
信息技术应用基础
——感受身边的信息技术

项目 1.1 认识信息技术与信息社会

一、学习目标

知识目标

◎ 了解信息技术的概念与发展。
◎ 熟悉信息技术的应用。
◎ 了解信息技术发展对人类社会生产和生活方式的影响。
◎ 掌握信息社会的特征和相关的法律常识与规范。
◎ 了解信息社会的发展趋势。

技能目标

◎ 能够识别信息技术的不同表述方式。
◎ 能够描述信息技术在当今社会的典型应用。
◎ 能够掌握在信息社会中应遵守的文化、道德和法律常识。
◎ 能够对信息技术的发展有深刻的体会。

素养目标

◎ 强化信息意识。
◎ 加强对信息技术的体验，增强对国家发展和进步的认同感。
◎ 培养遵纪守法、文明守信的良好品德。
◎ 培养信息社会责任素养，坚定社会责任感。

二、学习案例

案例 1　奥运会与信息技术

奥林匹克运动会（以下简称"奥运会"）是国际奥林匹克委员会主办的全世界规模最大的综合性运动会，也是全世界影响力最大的体育盛会。夏季奥运会每四年举办一届，举办奥运会不仅可以促进各国人民之间的交流、传承奥林匹克精神，还可以展现举办国的综合国力、科技实力、文化魅力和经济实力。我国于 2008 年在北京成功举办了第 29 届夏季奥运会、第 13 届残奥会，向全世界传递了中国在科技、环保和人文等方面的理念。我国于 2022 年举办了第 24 届冬季奥林匹克运动会（以下简称"冬奥会"），我国的强大国力也因此得以体现，这离不开信息技术的进步与发展。

请搜集奥运会的相关信息，思考以下问题。

（1）你采用过哪些方式观看 2022 年冬奥会？与 2008 年奥运会相比，观看 2022 年冬奥会的方式发生了哪些变化？这种变化体现了信息技术的哪些特点？

（2）2022 年冬奥会的开幕式采用了哪些技术？体现了信息技术发展的哪些趋势？

（3）你认为信息技术对国家的经济发展有何作用？

（4）作为当代青少年，你对信息技术有什么样的体会？如何才能更好地认识信息社会，提升个人在信息社会中的责任感？

案例 2　信息的精准推送

小刘小时候曾听闻神舟六号载人航天飞行的相关事迹，后来逐渐对航天产业的发展产生了兴趣，他经常使用手机中的新闻信息 App 浏览航天产业的相关信息，并购买了一些相关的产品，如航天模型、徽章和立牌等。慢慢地，小刘发现这些信息资讯 App 能"猜"到他喜欢什么，主动为他推送航天产业的相关信息。有时候，小刘还会看到较多重复或类似的，甚至虚假的信息，而且购物 App 也常向他推送曾经浏览过或购买过的航天周边产品信息。这让小刘很苦恼，他想屏蔽这些相似或虚假的信息，从而获取更真实和更及时的信息。

请结合自己的亲身体验，思考以下问题。

（1）信息的精准推送体现了信息技术发展的哪些优势和劣势？

（2）推送类似或重复的信息是平台通过采集使用者的数据，利用算法分析使用者的行为、习惯和喜好，进而精准地提供信息等所造成的现象，这种现象引发了你的哪些思考？

（3）重复或虚假的信息看多了，人会陷入"信息茧房"，应该如何避免这种情况？

（4）为推动信息服务业的长远、健康发展，个人和平台应遵守哪些规范？

三、课堂测验

（一）选择题

1. ［单选］信息技术主要包括计算机与智能技术、（　　）、控制技术和（　　）等技术。

  A. 通信技术，传感技术

  B. 数据技术，通信技术

  C. 网络技术，数据技术

  D. 传感技术，网络技术

2. ［多选］下面属于信息技术的传播媒介的有（　　）。

  A. 文字   B. 书籍   C. 计算机和网络 D. 电磁波

3. ［多选］信息技术的应用领域主要包括（　　）。

  A. 科研   B. 工业   C. 农业   D. 商业

  E. 医学   F. 交通

4. ［单选］下面关于信息技术的说法，表述错误的是（　　）。

  A. 信息资源是继物质、能源之后推动经济发展的新资源

  B. 人们无论干什么事情，都需要具备一定的信息技术知识

  C. 信息技术使人们能够更加高效地进行资源优化配置，从而推动传统产业的不断升级

  D. 不法分子可能利用信息技术或信息系统的漏洞进行信息犯罪

5. ［多选］信息技术的使用使信息的传播更加方便、快捷，但也滋生了信息污染问题。信息污染主要包括（　　）等类型。

  A. 虚假信息   B. 错误信息

  C. 污秽信息   D. 不及时信息

6. ［单选］小王在一个 App 上注册了账号，不久后他接到电话，对方一语道破小王的身份，让小王登录短信中的网站，填写身份证号码和银行卡等信息。小王挂断电话后马上接到了国家反诈中心打来的电话，对方告诉他遇到了网络诈骗。这一事件反映了信息技术发展的哪一负面影响？（　　）

  A. 信息污染   B. 信息犯罪

  C. 信息不全   D. 信息错误

7. ［单选］信息社会的经济活动以（　　）的流动为主。

  A. 知识   B. 劳动力

  C. 信息   D. 数据

8. ［多选］为了保证信息活动的正常开展，保障信息系统和信息主体的有序运行，我

国相当重视信息社会的法律规范，在（　　　）等法律制度方面作出了相应的规定。

  A. 信息作品著作权   B. 信息获取

  C. 信息安全与计算机犯罪 D. 信息传播

  9. ［单选］随着信息技术的快速发展，当下各行各业都已经应用信息技术来辅助工作，目前信息技术领域发展的主要聚焦和应用方向是（　　　）。

  A. 计算机硬件技术   B. 计算机软件技术

  C. 人工智能技术   D. 计算机网络技术

  10. ［多选］随着移动设备的普及和支付行为的数字化，移动支付已经成为了人们日常生活中不可或缺的一部分，以下支付方式中属于移动支付的有（　　　）。

  A. NFC 支付   B. 二维码支付

  C. 指纹支付   D. 人脸识别支付

（二）填空题

1. 在信息社会中，＿＿＿＿＿＿＿、知识成为重要的生产力要素。

2. 信息技术在让人类获得利益的同时，也带来了新的问题，例如计算机病毒、＿＿＿＿＿＿、＿＿＿＿＿＿等安全问题。

3. 《信息安全技术 关键信息基础设施安全保护要求》规定了＿＿＿＿＿、＿＿＿＿＿、＿＿＿＿＿、＿＿＿＿＿、＿＿＿＿＿、＿＿＿＿＿等六个环节的安全要求，旨在提升关键信息基础设施安全保护能力。

4. ＿＿＿＿＿＿是对信息活动中的重要问题进行调控的措施，这些措施主要涉及信息系统、处理信息的组织和对信息负有责任的个人等。

5. 移动支付将＿＿＿＿＿、＿＿＿＿＿、＿＿＿＿＿有效地联合起来，形成了一个新型的支付体系。

6. 随着网上购物的兴起，＿＿＿＿＿＿作为在线交易的信用中介开始崛起，并且还具备支付清算与融资等功能。

（三）判断题

1. 信息技术虽然有很多积极的影响，但青少年若沉迷于网络，将影响身心健康。（　　　）

2. 信息社会的经济以信息经济、知识经济为主导，与以工业经济为主导的社会经济类似。（　　　）

3. 《计算机信息系统国际联网保密管理规定》《互联网信息服务管理办法》是针对网络的法律法规。（　　　）

4. 新型的社会生产方式的产生和新兴产业的兴起是信息社会的发展趋势。（　　　）

5. 数字化生活是信息技术的最终目标。 （　　）

6. 随着 AI 技术的飞速发展，AI 已经渗透到各个领域，这其中也包括操作系统。例如，deepin〔深度〕操作系统与 AI 深度融合，在全局搜索、邮件、浏览器等应用中启用了 AI 功能。

（　　）

（四）简答题

1. 信息技术经历了哪几个发展阶段？各阶段的发展特点是什么？

2. 信息技术的发展对社会有哪些影响？

3. 信息社会具有哪些特征？

4. 信息社会的发展趋势表现在哪些方面？

（五）操作题

1. 参考表 1-1 所示的内容，搜集信息社会中人们生活和工作的场景资料，并就这些场景谈谈自己对信息社会的看法。

表1-1　信息社会中人们生活和工作的场景资料分析

场景	搜集方式	个人看法

2. 信息技术的快速发展对医疗行业的发展起到了极大的推动作用，请结合你的经历，参考表 1-2 所示的内容，对信息技术在医疗领域的应用做简单的分析。

表1-2　信息技术在医疗领域的应用分析

信息技术在远程诊断中的应用	（1）图文问诊服务 （2）远程视频会诊 ……
信息技术在人工智能辅助诊断中的应用	
信息技术在网上购药中的应用	
信息技术在健康管理方面的应用	

3. 2023 年 12 月 28 日，2024 数字中国创新大赛在福建省福州市启幕，该大赛深入贯彻党的二十大精神，以《数字中国建设整体布局规划》为指导方针，开设了 12 个赛道。请通过网络搜索该次大赛的资料，了解大赛的举办宗旨和内容，加强对数字技术创新应用的理解，加深对数字中国建设的体会，探讨如何积极营造共践共行的中国式现代化氛围，为数字中国建设贡献智慧和力量。

四、课后总结

请回顾本项目内容，对项目知识的学习情况进行总结。

1. 学习重难点

2. 学习疑问

3. 学习体会

项目 1.2　认识信息系统

一、学习目标

知识目标

◎ 了解信息系统的组成和功能。
◎ 熟悉常见的信息编码。
◎ 熟悉信息的存储方式与存储单位。
◎ 掌握二进制数、十进制数和十六进制数的转换方法。

技能目标

◎ 能够分辨不同的信息编码。
◎ 能够查询和计算计算机硬盘和内存的容量。
◎ 能够对数据进行不同数制之间的转换。

素养目标

◎ 培养发散思维与辩证思维。
◎ 提升自主学习能力和实践应用能力。
◎ 提升数字化学习能力和计算思维。

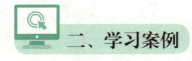

二、学习案例

案例 1　第二十届 CCF 中国信息系统及应用大会

由中国计算机学会（China Computer Federation，CCF）主办，CCF 信息系统专业委员会和四川大学共同承办的旗舰会议——第二十届 CCF 中国信息系统及应用大会于 2023 年 9 月 15 日—9 月 17 日在成都市召开。本次大会通过线下会议的方式举办，围绕"数智共生与信息系统"主题，关注数智共生、智慧信息系统、数字化转型与信息系统安全等领域，聚焦元宇宙、知识图谱、区块链等关键问题。

请搜集第二十届CCF中国信息系统及应用大会的相关信息，思考以下问题。

（1）本次大会组织了哪些专题论坛？体现了信息系统的哪些发展趋势？

（2）目前，信息系统主要应用于哪些领域？

（3）你是否了解过信息系统？了解的途径是什么？

案例2 操作系统的AI化

计算机操作系统是信息系统的重要组成部分之一，在当下AI快速发展的时代，计算机操作系统也开始基于大模型重构，不断进行创新。例如，微软宣布将GPT-4语言大模型嵌入Windows操作系统中，实现操作系统从图形交互到自然语言交互的升级。例如，Windows 11操作系统推出的Windows Copilot可以帮助用户完成复杂的指令操作或认知任务栏中的应用程序和组件。当下，随着AI技术的不断进步，AI将持续加速进入各行各业，未来，计算机操作系统将更加注重智能化功能的开发，包括语音识别、图像识别、自然语言处理等，从而为用户提供更加智能化的服务和体验。

请搜集AI和操作系统的相关信息，思考以下问题。

（1）操作系统与信息系统的关系是怎样的？

（2）AI的发展对操作系统有何影响？

（3）操作系统未来将如何与AI进行更深入的结合？

三、课堂测验

（一）选择题

1. ［多选］信息系统具有的功能有（　　　）。

    A. 信息的输入   B. 信息的存储和处理

    C. 信息的输出   D. 信息的控制

2. ［单选］在计算机中处理的数据在计算机内部是以（　　　）的形式存储和运算的。

    A. 位   B. 二进制

    C. 字节   D. 兆

3. ［单选］下列4个计算机存储容量的换算公式中，错误的是（　　　）。

    A. 1MB=1024KB   B. 1KB=1024MB

    C. 1KB=1024B   D. 1GB=1024MB

4. ［单选］在计算机系统中，存储数据的最小单位是（　　　）。

    A. 位   B. 二进制

    C. 字节   D. KB

5. ［单选］将十进制数 121 转换成二进制数，其结果是（　　　）。
   A. 1111001
   B. 1110010
   C. 1001111
   D. 1001110

6. ［单选］国际标准化组织将（　　　）指定为国际标准的编码系统。
   A. EBCDIC
   B. ASCII
   C. 汉字编码
   D. Unicode

7. ［单选］一个字符的标准 ASCII 的长度是（　　　）。
   A. 7 bit
   B. 8 bit
   C. 16 bit
   D. 6 bit

8. ［多选］下列属于信息系统的组成的有（　　　）。
   A. 计算机硬件和计算机软件
   B. 网络和通信设备
   C. 信息资源和信息用户
   D. 规章制度

9. ［单选］WPS Office 属于（　　　）。
   A. 操作系统
   B. 计算机软件
   C. 计算机硬件
   D. 通信设备

10. ［多选］下列属于汉字的编码方式的有（　　　）。
    A. 输入码
    B. 识别码
    C. 国标码
    D. 机内码

11. ［多选］下列属于信息识别、传递、分析的对象的有（　　　）。
    A. 条形码
    B. 二维码
    C. 识别码
    D. 输入码

12. ［多选］计算机中存储数据的计量单位有（　　　）。
    A. 位
    B. 字节
    C. 字长
    D. 二进制

13. ［多选］常用的汉字字符集包括（　　　）。
    A. GB 2312
    B. GB 18030
    C. GBK
    D. CJK

14. ［单选］区位码用 4 位数字编码，前两位叫作区号，后两位叫作（　　　）。
    A. 位号
    B. 节号
    C. 字号
    D. 行号

15. ［单选］采用两个字节表示一个汉字的是（　　　）。
    A. 输入码
    B. 区位码
    C. 国标码
    D. 机内码

（二）填空题

1. 信息系统是由计算机硬件、计算机软件、＿＿＿＿＿＿、通信设备、信息资源、＿＿＿＿＿＿和规章制度组成的，以处理信息流为目的的人机一体化系统。

2. _____可以将汉字、字母、符号等对象转换为二进制数。

3. 目前我国较为常用的编码系统包括_____、_____和
_____等。

4. 标准 ASCII 使用_____二进制数来表示所有的大写和小写字母。

5. 汉字的编码方式包括_____、_____、_____、
_____等。

6. 在国标码的基础上，每字节的最高位置为 1，每字节的低 7 位为汉字信息的编码为
_____。

7. _____是指存储器中能够包含的字节数。

8. 条形码被扫描时，条形码的粗、细、疏、密等特征通过_____转换成
_____。

9. _____可以利用某种特定的几何图形，并按一定的规律在平面（二维方向）上分布黑白相间的图形，以此来记录数据符号信息。

10. _____是将某些艺术性的几何图形按一定规律在图像化内容上按深浅不同进行分布，以此来记录数据符号信息的技术。

（三）判断题

1. 数据在计算机内部都是以二进制代码的形式来存储和运算的。　　　　（　　　）

2. 一个字符的标准 ASCII 码占一个字节的存储量，其最高位二进制总和为 0。（　　　）

3. 大写英文字母的 ASCII 码值大于小写英文字母的 ASCII 码值。　　　（　　　）

4. 标准 ASCII 码表的每一个 ASCII 码都对应一个字符。　　　　　　　（　　　）

5. 1GB 等于 1000MB，也等于 1000000KB。　　　　　　　　　　　　（　　　）

6. 标准 ASCII 码共有 127 个不同的编码值。　　　　　　　　　　　　（　　　）

7. 数据是计算机中信息的载体。　　　　　　　　　　　　　　　　　　（　　　）

8. 计算机编程之所以使用二进制的数制，是因为这样能提高编程效率。　（　　　）

9. 每一件商品的条形码都是唯一的。　　　　　　　　　　　　　　　　（　　　）

10. 计算机中数据的存储单位按从大到小的顺序排列是 B、KB、MB、GB。（　　　）

（四）简答题

1. 什么是信息系统？信息系统由哪些部分组成？

2. 信息系统具有哪些功能？

3. 常见的信息编码有哪些？分别有什么特点？

4. 信息的存储单位有哪些？各单位之间有着怎样的关系？

5. 常用的计算机数制有哪些？请列举至少 3 种，并说明互相转换的方法。

6. 什么是条形码？信息是如何通过条形码被识别的？

7. 什么是二维码？信息是如何通过二维码被识别的？

（五）操作题

1. 请参考表 1-3 所示的内容，搜集计算机发展的相关资料，并就这些资料分析计算机的发展对信息系统的影响。

表1-3　计算机的发展

发展阶段	重要事项	应用领域

未来发展趋势：

对信息系统的影响：

2. 将下面的二进制数分别转换为八进制数和十六进制数。

11011010101　　　　　　　1011100110

101110111010　　　　　　1010100100

3. 依次在计算机中执行以下操作。

（1）查看计算机的名称、操作系统和内存容量。

（2）查看计算机的硬盘容量，并分别列出各磁盘的容量。

（3）查看系统磁盘的已用空间和可用空间，对比两者的大小，并根据结果评判系统磁盘的性能。

4. 在手机中下载并安装能够扫描条形码的 App，然后扫描本书背面的条形码，查看并整理本书的信息。

5. 参考表 1-4 所示的内容制作一份自我介绍，然后通过二维码生成器生成自我介绍二维码，并将该二维码分享到微信朋友圈或发送给好友。

表1-4　自我介绍

姓名		性别		（照片）
年龄		户籍所在地		
联系方式				
受教育经历				
自我评价				

四、课后总结

请回顾本项目内容，对项目知识的学习情况进行总结。

1. 学习重难点

2. 学习疑问

3. 学习体会

项目 1.3 选用和连接信息技术设备

一、学习目标

知识目标

◎ 熟悉常见信息技术设备的类型和特点。
◎ 掌握信息技术设备的选用方法。
◎ 掌握常用信息技术设备的连接方法。

技能目标

◎ 能够正确选用所需的信息技术设备。
◎ 能够配置个人计算机并连接计算机硬件。
◎ 能够正确连接和设置常用的信息技术设备。

素养目标

◎ 提高辨别计算机硬件的能力和制订选购方案的能力。
◎ 提高计算能力和动手能力。
◎ 培养创新意识和自强意识。

二、学习案例

　　互联网、通信技术等的快速发展和普及，不断推动着国产计算机的发展。以前，我国计算机的操作系统和处理器主要靠进口，而近年来，我国越来越多的企业开始研发纯国产计算机。例如，"天玥"是由中国航天科工集团第二研究院七〇六所等研发的纯国产计算机，其操作系统、CPU 和其他软硬件均由我国自研自产。在操作系统方面，"天玥"搭载银河麒麟和中标麒麟操作系统，支持飞腾、龙芯、鲲鹏、海光、兆芯、申威六大国产 CPU；在处理器方面，"天玥"采用龙芯 3A3000 处理器；在硬件配置方面，"天玥"支持 PCI-E 扩展插槽，采用独立显卡及更高配置显卡，提供 VGA、HDMI、DVI 等多种显示接口。目前，"天玥"支持各种国产软件，主要应用于党政机关办公等领域。

虽然目前"天玥"系列计算机的性能与国际领先水平还有一定的差距，但"天玥"的成功研发与应用，表明我国在自研计算机之路上迈出了历史性的一步，这对我国的自主信息安全化管理有着非常大的促进作用。

请搜集纯国产计算机"天玥"的相关资料，回答以下问题。

（1）为什么我国重视纯国产计算机的研发？

（2）我国纯国产计算机的发展情况是怎样的？

（3）成功研发纯国产计算机对我国的经济发展有什么意义？

三、课堂测验

（一）选择题

1. ［多选］从外观上看，台式计算机主要由（　　）等部分组成。

    A. 主机   B. 显示器

    C. 鼠标   D. 键盘

2. ［单选］我国自主研发的龙芯系列 CPU 主要用于（　　）。

    A. 个人计算机   B. 中型计算机

    C. 大型计算机   D. 超级计算机

3. ［多选］内存的（　　）直接影响 CPU 处理数据的速度。

    A. 体积   B. 容量   C. 存取速度   D. 价格

4. ［多选］根据数据传输速率的不同，内存有（　　）等类型。

    A. DDR1   B. DDR2   C. DDR3   D. DDR4

5. ［单选］图 1-1 所示的硬盘是（　　）。

图 1-1

    A. 固态硬盘   B. 机械硬盘

    C. 存取硬盘   D. 移动硬盘

6. ［多选］图 1-2 ～图 1-5 所示中属于可穿戴设备的有（　　）。

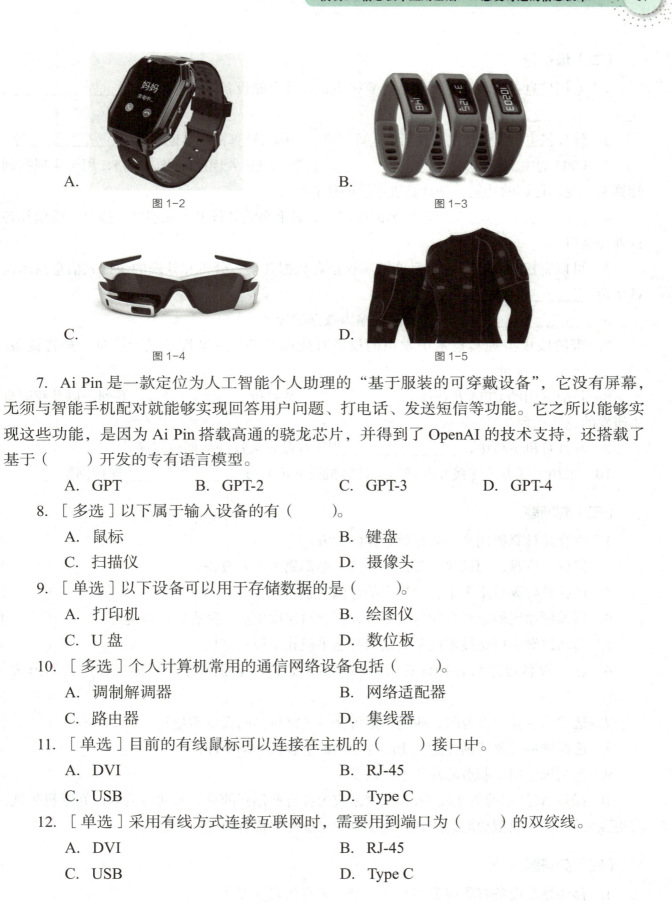

A.
图 1-2

B.
图 1-3

C.
图 1-4

D.
图 1-5

7. Ai Pin 是一款定位为人工智能个人助理的"基于服装的可穿戴设备",它没有屏幕,无须与智能手机配对就能够实现回答用户问题、打电话、发送短信等功能。它之所以能够实现这些功能,是因为 Ai Pin 搭载高通的骁龙芯片,并得到了 OpenAI 的技术支持,还搭载了基于(   )开发的专有语言模型。

    A. GPT   B. GPT-2   C. GPT-3   D. GPT-4

8. [多选] 以下属于输入设备的有(   )。

    A. 鼠标   B. 键盘

    C. 扫描仪   D. 摄像头

9. [单选] 以下设备可以用于存储数据的是(   )。

    A. 打印机   B. 绘图仪

    C. U 盘   D. 数位板

10. [多选] 个人计算机常用的通信网络设备包括(   )。

    A. 调制解调器   B. 网络适配器

    C. 路由器   D. 集线器

11. [单选] 目前的有线鼠标可以连接在主机的(   )接口中。

    A. DVI   B. RJ-45

    C. USB   D. Type C

12. [单选] 采用有线方式连接互联网时,需要用到端口为(   )的双绞线。

    A. DVI   B. RJ-45

    C. USB   D. Type C

（二）填空题

1. 常用信息技术设备主要包括计算机主机、外存储设备、输入设备、＿＿＿＿＿＿＿＿、＿＿＿＿＿＿＿＿等。

2. 计算机主机类设备主要包括台式计算机、一体式计算机、笔记本电脑、＿＿＿＿＿＿＿等。

3. CPU 的中文全称为＿＿＿＿＿＿＿＿，它是一块超大规模的集成电路，用于实现控制和算术、逻辑运算的功能，是计算机系统的核心组件。

4. ＿＿＿＿＿＿＿＿是一块方形的电路板，其上布满各种电子元器件、插座、插槽和各种外部接口。

5. 可以直接穿戴在身上，且能够实现信息数据共享、分析和处理的便携式信息技术设备是指＿＿＿＿＿＿＿＿。

6. ＿＿＿＿＿＿＿＿是能向计算机输入数据的设备。

7. 现阶段虚拟现实技术中常用的设备有建模设备、三维视觉显示设备、声音设备、＿＿＿＿＿＿＿＿4 种。

8. 目前常用的 CPU 主要有＿＿＿＿＿＿＿＿系列和＿＿＿＿＿＿＿＿系列，以及我国自主研发的龙芯系列。

9. 在计算机主机中，＿＿＿＿＿＿＿＿用于存放永久性的数据或程序。

10. 采用无线方式连接互联网时，计算机设备可通过＿＿＿＿＿＿＿＿连接网络。

（三）判断题

1. 内存是计算机用来临时存放数据的地方。　　　　　　　　　　　　　　（　　）

2. 鼠标、键盘、扫描仪、数位板和传声器都属于输入设备。　　　　　　　（　　）

3. 内存是计算机主机中容量最大的存储设备。　　　　　　　　　　　　　（　　）

4. 机械硬盘比固态硬盘的价格更贵，但读写速度更快、防震抗摔性更好。　（　　）

5. 移动终端类信息技术设备就是指智能手机和平板计算机。　　　　　　　（　　）

6. 输出设备可以将各种计算结果转换成用户能够识别的字符、图像和声音等形式。　　　　　　　　　　　　　　　　　　　　　　　　　　　　　（　　）

7. 选购信息技术设备时，应先考虑价格，价格越高的设备质量越好。　　　（　　）

8. 选择硬件时要特别注意各个配件之间的兼容性和均衡性。　　　　　　　（　　）

9. 光刻机是用于制造芯片的重要设备。　　　　　　　　　　　　　　　　（　　）

10. 随着 AI 技术的飞速发展，大模型已成为各行业创新的重要驱动力。例如，在手机领域，将更强大的 AI 大模型功能集成到智能手机中已成为手机行业的主流趋势。　（　　）

（四）简答题

1. 移动终端设备有哪些类型？各类型有哪些代表性设备？

2. 计算机外围设备有哪些类型？各类型有哪些代表性设备？

3. 选用信息技术设备的思路是什么？

4. 购买计算机硬盘时应考虑哪些因素？

5. 如何通过有线方式将计算机连接到互联网？

6. 如何通过无线方式将计算机连接到互联网？

（五）操作题

1. 请指出图 1-6 所示的台式计算机的外观、主机背面和机箱内部各组成部分的名称，并使用线条标注出各组成部分的位置。

图 1-6

2. 小王是公司计算机维护部门的主管，公司最近招聘了两位新员工（一位行政人员和一位美工人员），因此需要为他们配置两台新的计算机。公司库房中有显示器、键盘和鼠标等设备，故只需要配置主机，现要求主机配置的总预算控制在 6000 元以内，且能满足每位员工的办公需求。请你根据图 1-7 所示的硬件清单，在其中选择合适的硬件，分别组成行政岗位计算机配置清单和美工岗位计算机配置清单，并将内容填写在表 1-5 中。

CPU	Intel G6900	299 元
	i3-12100	1050 元
	i3-12100F	839 元
	i5-12400K	1649 元
	i5-12400KF	1449 元
	i5-12600K	2199 元
	i5-12600KF	1999 元
主板	华硕 H610M-E D4	583 元
	华擎 H610M-HDV	485 元
	微星（MSI）PRO B66OM-GDDR4 计算机主板	583 元
	微星 B660M MORTAR DDR4 迫击炮	1049 元
显卡	七彩虹（Colorful）iGame GeForceRTX 3050 白色	2684 元
	核显 HD710	0 元
内存	科赋（KLE）DDR4BOLT X 16GB（8GB×2）套条 3200MHz	479 元
	光威（Gloway）8GB DDR4 3200 天策系列 - 皓月白	184 元
	宏碁掠夺者（PREDATOR）16GB（8GB×2）套条 DDR4 3600MHz	698 元
硬盘	金士顿 A400 480GB SSD 固态硬盘	349 元
	西部数据 蓝盘 1TB	289 元
机箱	爱国者 A15 全侧透	119 元
	追风者（PHANTEKS）P300A 冰河白	284 元
电源	振华 额定 450W 铜皇 450W	269 元
	安钛克 NE 750（白色）电源	584 元
散热器	超频三 东海 R4000 ARGB CPU 散热器	89 元
	Intel 自带散热	0 元
	利民 Frozen MAGIC 240 SCENIC	599 元

图 1-7 硬件清单

表1-5　计算机配置清单

行政岗位计算机配置			美工岗位计算机配置		
硬件名称	型号	价格	硬件名称	型号	价格
价格合计：			价格合计：		

3．我国早在多年前就开始大力支持国内企业进行芯片的自主研发和生产制造，请搜集目前我国自主研发的计算机处理芯片的相关信息，了解我国芯片研发的进展等情况。

四、课后总结

请回顾本项目内容，对项目知识的学习情况进行总结。

1. 学习重难点

2. 学习疑问

3. 学习体会

项目 1.4　使用操作系统

一、学习目标

知识目标

◎ 了解操作系统的类型和特点。
◎ 熟悉操作系统的界面组成。
◎ 掌握安装和使用操作系统的基本方法。

技能目标

◎ 能够对图形用户界面进行操作和管理。
◎ 能够使用输入法输入文字。
◎ 能够正确安装操作系统，使用系统软件。

素养目标

◎ 养成良好的操作习惯。
◎ 强化实践操作技能。

二、学习案例

　　2023 年 7 月，开放麒麟 1.0 操作系统正式发布，它是我国首个开源桌面操作系统，即通过开放操作系统源代码的方式、由众多开发者共同参与研发的国产开源桌面操作系统。开放麒麟 1.0 操作系统的成功研发，向外界彰显了我国拥有操作系统组件自主选型、操作系统独立构建的能力。

　　开放麒麟 1.0 操作系统采用先进的开源技术，具有高度的开放性和灵活性，能够汇聚全球开发者的智慧，紧跟技术发展与我国用户的使用需求和习惯，不断地进行优化和更新，使其更好地应用在政务、金融、通信、能源、交通等行业。例如，开放麒麟 Alpha 2.0 版本融合了 AI 技术，支持桌面 AI 大模型插件和智能语音助手功能，使桌面操作系统不断向智能交互方向发展。在"2023 年度央企十大国之重器"的投票中，开放麒麟 1.0 操作系统占据一席之地，这也说明国家对打造中国品牌操作系统的重视，充分体现了党的二十大报告中提到的"着力推动高质量发展，主动构建新发展格局"。

请搜集开放麒麟操作系统的相关信息，回答以下问题。

（1）开放麒麟操作系统是基于什么研发的？

（2）开放麒麟操作系统的发布充分体现了高水平科技自立自强的重要性，作为当代青年，我们应该如何提升自己的科学素养？

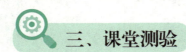

三、课堂测验

（一）选择题

1. ［多选］以下属于桌面操作系统的有（　　　）。

　　A．Windows 10　　　　　　　　　　B．Deepin

　　C．Mac OS X　　　　　　　　　　　D．NetWare

2. ［单选］（　　　）系统具有开放性，支持多用户、多进程和多线程。

　　A．Linux　　　　　　B．Windows　　　　　　C．UNIX　　　　　　D．NetWare

3. ［多选］以下属于智能终端设备操作系统的有（　　　）。

　　A．iOS　　　　　　　　　　　　　　B．Android

　　C．鸿蒙　　　　　　　　　　　　　　D．Windows

4. ［单选］在 Windows 10 操作系统桌面上，任务栏中最左侧用于启动程序的按钮称为（　　　）。

　　A．"打开"按钮　　　　　　　　　　B．"程序"按钮

　　C．"开始"按钮　　　　　　　　　　D．"时间"按钮

5. ［单选］在 Windows 10 操作系统中，对桌面背景的设置可以通过（　　　）来实现。

　　A．右击"此电脑"图标，在弹出的快捷菜单中选择"属性"命令

　　B．右击"开始"菜单

　　C．右击桌面空白区，在弹出的快捷菜单中选择"个性化"命令

　　D．右击任务栏空白区，在弹出的快捷菜单中选择"属性"命令

6. ［单选］若删除了 Windows 10 操作系统桌面上的一个快捷方式图标，则其对应的应用程序将（　　　）。

　　A．一起被删除　　　　　　　　　　B．只能打开，不能编辑

　　C．不能打开　　　　　　　　　　　D．无任何变化

7. ［单选］在 Windows 10 操作系统中，可以打开右键快捷菜单的操作是（　　　）。

　　A．单击　　　　　　　B．右击　　　　　　　C．双击　　　　　　　D．三击

8．［单选］以下属于办公文档处理软件的是（　　　）。

　　A．计算器　　　　　　B．WPS Office　　　　C．驱动程序　　　　　D．搜狗输入法

9．［单选］在 Windows 10 操作系统中，用于中英文输入方式切换的组合键是（　　　）。

　　A．【Alt+Tab】　　　　　　　　　　　B．【Shift+Space】

　　C．【Shift+Enter】　　　　　　　　　D．【Ctrl+Space】

10．［单选］在 Windows 10 操作系统中切换不同的汉字输入法时，应按（　　　）组合键。

　　A．【Win+Space】　　　　　　　　　　B．【Ctrl+Alt】

　　C．【Ctrl+Space】　　　　　　　　　　D．【Ctrl+Tab】

11．［多选］在 Windows 10 操作系统中可进行的个性化设置包括（　　　）。

　　A．主题　　　　　　　B．背景　　　　　　　C．颜色　　　　　　　D．锁屏界面

12．［多选］在 Windows 10 操作系统中要运行一个程序，可以（　　　）。

　　A．在"开始"菜单中选择对应的程序命令

　　B．使用资源管理器

　　C．双击桌面上已建立的快捷方式图标

　　D．双击程序图标

13．［单选］下面的鼠标操作中可用于打开文件的是（　　　）。

　　A．单击　　　　　　　B．右击　　　　　　　C．双击　　　　　　　D．三击

14．［单选］2023 年，微软宣布在 Windows 操作系统中推出一款基于 AI 的应用程序，这个应用程序是（　　　）。

　　A．Copilot　　　　　　B．Plugin　　　　　　C．API　　　　　　　　D．ChatGPT

（二）填空题

1．目前主流的操作系统有桌面操作系统、_____和_____3 种类型。

2．_____系统是基于服务器的网络操作系统。

3．服务器操作系统又称_____，是支持服务器运行的系统软件。

4．右击 Windows 10 操作系统的桌面空白区域，在弹出的快捷菜单中选择_____命令，可以打开"设置"窗口。

5．Windows 系列的服务器操作系统主要针对网络中的_____管理。

6．Windows 10 操作系统桌面的任务栏中包含_____、_____和状态信息图标。

7．在"桌面图标设置"对话框中设置需要显示的桌面图标时，需要单击选中该桌面图标对应的_____。

8. 要启动计算器程序，需要在 Windows 10 操作系统的_____菜单中找到"计算器"程序。

9. 在"开始"按钮上_____，在弹出的快捷菜单中选择"设置"命令，可以打开"设置"窗口。

10. 安装应用程序时，如果需要自行设置安装位置或其他选项，需要在安装对话框中单击_____超链接。

（三）判断题

1. 在 Windows 10 操作系统桌面上显示的所有图标统称为系统图标。　　　　　（　　）

2. 默认情况下，Windows 10 操作系统桌面由桌面图标、鼠标指针、文件夹窗口组成。
（　　）

3. 快捷方式图标可以更改。　　　　　　　　　　　　　　　　　　　　　（　　）

4. 不能对 Windows 10 操作系统中的文件创建快捷方式图标。　　　　　　（　　）

5. 关闭应用程序窗口后，该应用程序的运行将被中断。　　　　　　　　　（　　）

6. 安装了操作系统后才能安装和使用各种应用程序。　　　　　　　　　　（　　）

7. 使用"记事本"可以对文本文件进行编辑。　　　　　　　　　　　　　（　　）

8. 单击窗口右上角的"最大化"按钮，可以最大化显示窗口内容。　　　　（　　）

9. 在 Windows 10 操作系统中卸载应用程序时，需要先打开"卸载"对话框。（　　）

10. 利用虚拟机安装操作系统来对应用软件进行测试，可以避免软件对计算机的真实操作系统造成影响或损害。　　　　　　　　　　　　　　　　　　　　　　（　　）

（四）简答题

1. 操作系统有哪些类型？各类型操作系统有哪些典型代表？

2. Windows 10 操作系统的图形用户界面由哪些部分组成？

3. 什么是虚拟机？它有什么作用？

（五）操作题

1. 对 Windows 10 操作系统进行个性化设置，具体要求如下。

（1）设置桌面背景为"背景 .jpg"图片（配套资源 :\ 素材文件 \ 模块 1\ 背景 .jpg）、契合度为"填充"。

（2）设置主题为"Windows（浅色主题）"。

（3）设置颜色为"金色"。

2. 将"控制面板"图标添加到计算机桌面上，然后为"记事本"程序创建桌面快捷方式图标。

3. 设置计算机中的文件夹选项，具体要求如下。

（1）在"导航窗格"中设置"展开到打开的文件夹"。

（2）在"文件和文件夹"中取消勾选"显示状态栏"复选框。

（3）在"隐藏文件和文件夹"中设置"不显示隐藏的文件、文件夹或驱动器"。

4. 通过"开始"菜单启动计算机中安装的 WPS Office 程序，然后对打开的 WPS Office 程序窗口进行最大化和最小化操作，最后还原窗口并关闭窗口。

5. 利用画图程序打开一个图像文件，将其水平旋转后以"旋转图像"为名保存到桌面。

6. 从网上下载 QQ 的安装程序，然后将其安装到计算机中。

7. 将输入法切换为微软拼音输入法，并在打开的记事本中输入"弘扬和传承中华优秀传统文化"，然后保存并关闭该文件。

 四、课后总结

请回顾本项目内容，对项目知识的学习情况进行总结。

1. 学习重难点

2. 学习疑问

3. 学习体会

项目 1.5　管理信息资源

一、学习目标

知识目标

◎ 了解文件和文件夹的基础知识。
◎ 掌握管理文件和文件夹的方法。
◎ 掌握保护文件和文件夹的方法。

技能目标

◎ 能够根据学习或工作的需要划分文件管理层级。
◎ 能够掌握新建、复制、移动、删除文件和文件夹的方法。
◎ 能够备份和还原重要的文件和文件夹。

素养目标

◎ 提升文件管理的实践操作能力。
◎ 加强备份与保护重要资料的意识。
◎ 养成良好的操作习惯，提升职业素养。

二、学习案例

　　小王毕业后应聘了一家商务企业的人事岗位，刚工作时，小王有一个不好的习惯，每次公司同事或领导发送文件给他，他都将收到的文件放在计算机桌面上，久而久之，计算机桌面上的东西便越来越多，计算机系统磁盘的可用空间也越来越小，从而影响了计算机的运行速度和小王的工作效率。为此，公司领导还特地提醒小王，让他整理计算机桌面，将文件分类放到其他磁盘中。小王仍记不住，并且在公司领导给小王发送一个重点项目的资料时，将这个项目的资料又放到了计算机桌面，由于该项目的资料较大、文件较多，小王不小心误删了几个重要文件，影响了项目的正常开展，被公司领导批评。小王终于认识到了分类整理资料与养成良好工作习惯的重要性，并在往后的工作中进行了改进，没有再犯过类似的错误。

请结合案例和自身体会回答以下问题。

（1）为什么要对文件进行分类管理？

（2）误删除的文件可以恢复吗？如果可以，应采取哪些措施？

（3）根据小王的教训，你认为工作中应该养成哪些良好的工作习惯？

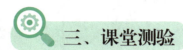

三、课堂测验

（一）选择题

1. ［单选］在 Windows 10 操作系统中单击某个文件或文件夹时，可以（　　）该文件或文件夹。

　　A. 打开　　　　　　B. 关闭　　　　　　C. 选中　　　　　　D. 删除

2. ［单选］选中文件或文件夹后，按【Shift+Delete】组合键将（　　）。

　　A. 删除选中的对象并将其放入回收站

　　B. 不会删除选中的对象

　　C. 选中的对象不被放入回收站而直接被删除

　　D. 为选中的对象创建副本

3. ［单选］双击某个文件夹图标，将（　　）。

　　A. 删除该文件夹　　　　　　　　　B. 打开该文件夹

　　C. 删除该文件夹文件　　　　　　　D. 复制该文件夹文件

4. ［多选］要把 C 盘中的某个文件移到 D 盘中，可使用的方法有（　　）。

　　A. 从 C 盘窗口中将该文件直接拖动到 D 盘窗口中

　　B. 在 C 盘窗口中选中该文件，按【Ctrl+X】组合键剪切，在 D 盘窗口中按【Ctrl+V】组合键粘贴

　　C. 在 C 盘窗口中按住【Shift】键的同时将该文件拖动到 D 盘窗口中

　　D. 在 C 盘窗口中按住【Ctrl】键的同时将该文件拖动到 D 盘窗口中

5. ［多选］在 Windows 10 操作系统中，采用下列哪些方法可以新建文件夹？（　　）

　　A. 在窗口中单击，在弹出的快捷菜单中选择"新建"/"文件夹"命令

　　B. 在窗口中右击，在弹出的快捷菜单中选择"新建"/"文件夹"命令

　　C. 在窗口中选择"文件"/"新建"/"文件夹"命令

　　D. 在窗口中单击"新建文件夹"按钮

6. ［单选］在 Windows 窗口中，要创建新的子目录，应单击（　　）选项卡中"新建"组下的"新建文件夹"按钮。

　　A. 主页　　　　　　B. 文件　　　　　　C. 共享　　　　　　D. 查看

7. ［多选］下列对文件和文件夹的操作结果的描述中，正确的有（　　　）。

    A. 移动文件后，文件不会从原来的位置消失

    B. 复制粘贴文件后，文件会从原来的位置消失，同时在目标位置出现

    C. 移动与复制只针对选中的多个文件或文件夹，没被选中则不会发生变化

    D. 系统默认情况下，删除硬盘上的文件或文件夹后，删除的内容被放入回收站

8. ［多选］在英文输入状态下，下列不能作为文件名的有（　　　）。

    A. *　　　　　　B. @　　　　　　C. ?　　　　　　D. \

9. ［单选］要返回文件的上一级文件夹，可以执行下列哪一项操作？（　　　）

    A. 选中该文件后，按【Ctrl+X】组合键

    B. 选中该文件后，按【Ctrl+V】组合键

    C. 选中该文件后，拖曳文件到其他位置

    D. 单击文件夹窗口左上角的"返回到"按钮

10. ［单选］下列关于 Windows 文件名的叙述中，错误的是（　　　）。

    A. 文件名中允许使用汉字　　　　　　B. 文件名中允许使用多个圆点分隔符

    C. 文件名中允许使用空格　　　　　　D. 文件名中允许使用"|"

11. ［单选］一个文件的扩展名通常用于表示（　　　）。

    A. 文件大小　　　　　　B. 创建文件的日期

    C. 文件版本　　　　　　D. 文件类型

12. ［单选］在文件夹窗口右上方的搜索框中输入"学习"，搜索结果中不可能出现（　　　）。

    A. 学习资料　　　B. 学习计划　　　C. 学业管理　　　D. 在线学习

（二）填空题

1. Windows 10 操作系统通过＿＿＿＿＿＿＿＿对文件进行组织和管理。

2. Windows 10 操作系统的文件名最多可由＿＿＿＿＿＿＿＿个字符组成。

3. ".wps"".ck"".txt"是文件的＿＿＿＿＿＿＿＿。

4. 文件类型主要包括＿＿＿＿＿＿＿＿、＿＿＿＿＿＿＿＿、字体文件、压缩包文件、数据文件等。

5. WPS 演示文件的扩展名是＿＿＿＿＿＿＿＿，网页文件的扩展名是＿＿＿＿＿＿＿＿。

6. 文档、程序、快捷方式等对象都可以存放在计算机的＿＿＿＿＿＿＿＿中。

7. 选择文件或文件夹，按＿＿＿＿＿＿＿＿键可将其删除至"回收站"中。

8. 在回收站中的某个对象上单击鼠标右键，在弹出的快捷菜单中选择＿＿＿＿＿＿命令，可将该对象还原到删除前的位置。

（三）判断题

1. 文件名由主文件名和扩展名两部分组成，主文件名和扩展名之间用"."隔开。
（　　）

2. 在 Windows 10 操作系统中，可以在一个文件夹中再新建一个与之同名的子文件夹。
（　　）

3. 一个文件夹可以包含一个或多个子文件夹。（　　）

4. 对文件或文件夹进行重命名时，可以先选中要修改名称的文件或文件夹，然后按【F2】键，输入新名称并按【Enter】键。（　　）

5. 在文件夹窗口中，如果文件已经被选中，那么按住【Ctrl】键的同时单击这个文件，可取消选定。（　　）

6. 移动文件后，文件仍然保留在原来的文件夹中，在目标文件夹中也会出现该文件。
（　　）

7. 在同一文件夹中，可以有两个名称相同的文件。（　　）

8. 要设置和修改文件夹或文档的属性，可右击文件夹或文档图标，在弹出的快捷菜单中选择"属性"命令。（　　）

9. 文件夹中可以包含程序、文档和文件夹。（　　）

10. 文件名中不能使用空格、"*"和"？"等符号。（　　）

（四）简答题

1. 请简述文件的命名原则。

2. 什么叫文件夹树？请以"我的学习资料"为主题，绘制一个文件夹树。

3. 请简述备份文件和操作系统的方法。

（五）操作题

1. 按照如下要求对文件或文件夹进行操作。

（1）在计算机 E 盘中新建"资料收集"文件夹。

（2）在"资料收集"文件夹中新建"文字类"子文件夹，在该子文件夹中新建一个"说明 .txt"文件。

（3）使用相同的方法新建"图片类""音频类""视频类"子文件夹。

（4）将"文字类"文件夹中的"说明 .txt"文件移动到"资料收集"文件夹的根目录中。

2. 按照下列要求对"学生成绩表 .et"文件（配套资源 :\ 素材文件 \ 模块 1\ 学生成绩表 .et）进行操作。

（1）将文件的名称修改为"计算机科学与技术 3 班学生成绩表"。

（2）使用 WinRAR 对该文件进行压缩和加密，设置压缩文件格式为"RAR"、加密密码为"JK03"。

（3）将压缩加密后的文件传输到百度网盘中进行备份。

3. 使用"备份和还原（Windows 7）"功能备份计算机的文件夹，要求如下。

（1）设置保存备份的位置为除系统磁盘外的其他磁盘，要求该磁盘的磁盘空间至少为 50GB。

（2）将需备份的文件夹设置为系统磁盘的"Users"文件夹。

（3）设置备份计划时间为每月的 3 日上午 10 点。

四、课后总结

请回顾本项目内容，对项目知识的学习情况进行总结。

1. 学习重难点

2. 学习疑问

3. 学习体会

项目 1.6　维护系统

一、学习目标

知识目标

◎ 掌握操作系统的安全设置方法。
◎ 掌握操作系统的测试与维护方法。
◎ 掌握"帮助"功能的使用方法。

技能目标

◎ 能够对操作系统进行安全设置。
◎ 能够新建和管理账户。
◎ 能够对操作系统进行测试和维护。
◎ 能够使用Windows 10的"帮助"功能解决问题。

素养目标

◎ 培养思考问题、发现问题和解决问题的能力。
◎ 提升理解能力和培养计算思维。
◎ 培养符合信息安全规范的信息社会责任意识。

二、学习案例

　　小夏是计算机专业的学生，他刚进大学就购买了一台计算机，用于学习专业知识并进行实操练习。某次小夏在网上搜索资料时，下载了一个学习资料压缩包。解压压缩包获取资料不久后，小夏发现计算机出了问题，打开文件和执行程序的速度越来越慢，并且磁盘的可用空间忽然间变小了。小夏意识到自己的计算机可能"中毒"了。在咨询了老师后，小夏安装了一款计算机维护软件，通过杀毒、修复系统漏洞等操作解决了这一问题。

　　这次事件让小夏感到一阵后怕，小夏庆幸未造成文件的损坏或丢失，也无账号或密码被盗等情况。此后，小夏便养成了定期维护计算机的习惯，也经常查看一些与系统维护相关的方法和案例，不断提升自己的信息安全意识，并且他还向同学、朋友、网友等分享自己的心得，让越来越多的人意识到信息安全的重要性。

请结合案例与自己的体会，回答以下问题。

（1）计算机为什么会"中毒"？除了"中毒"，计算机还可能面临哪些威胁？

（2）个人可以从哪些方面维护计算机，提升计算机性能？

（3）个人可以从哪些方面提升自己的信息安全意识？

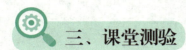 三、课堂测验

（一）选择题

1. ［单选］一般而言，防火墙建立在（　　）之间。

    A. 计算机系统与硬件系统　　　　B. 互联网与硬件系统

    C. 互联网和计算机系统　　　　　D. 计算机系统与输入设备

2. ［单选］下列关于防火墙的描述错误的是（　　）。

    A. 可以发现并处理计算机系统在访问互联网的过程中存在的安全风险

    B. 处于局域网中时必须开启防火墙

    C. 可以抵御病毒和威胁

    D. 无法进行用户账户保护

3. ［多选］下列属于保护计算机操作系统的第三方应用软件的有（　　）。

    A. 安兔兔　　　　　　　　　　　B. 360 安全卫士

    C. QQ 电脑管家　　　　　　　　D. 鲁大师

4. ［单选］360 安全卫士的"一键修复"功能无法完成（　　）操作。

    A. 漏洞修复　　　　　　　　　　B. 软件修复

    C. 驱动修复　　　　　　　　　　D. 病毒清理

5. ［多选］360 安全卫士的"系统修复"功能主要包括（　　）。

    A. 快速查杀　　　　　　　　　　B. 全盘查杀

    C. 按位置查杀　　　　　　　　　D. 系统查杀

6. ［单选］360 安全卫士的功能不包括（　　）。

    A. 常规修复　　　　　　　　　　B. 漏洞修复

    C. 软件修复　　　　　　　　　　D. 文件修复

7. ［多选］使用鲁大师可以对计算机的（　　）进行测试。

    A. 显卡　　　　　B. 内存　　　　　C. 磁盘　　　　　D. 处理器

8. ［单选］多用户使用一台计算机的情况经常出现，这时可设置（　　）。

    A. 共享用户　　　　　　　　　　B. 多个用户账户

    C. 局域网　　　　　　　　　　D. 使用时段

9. ［多选］下列对计算机主机的维护，说法正确的有（　　　）。

    A. 放置计算机的房间一定要保持干燥和清洁

    B. 计算机的主机要轻拿轻放

    C. 要注意计算机主机的防潮、防尘和防震

    D. 计算机的主机在使用时可以随意移动

10. ［单选］清洁扫描仪的正确顺序是（　　　）。

    ①用柔软的细布擦去外壳的灰尘

    ②使用清洁剂和水对其进行清洁

    ③用玻璃清洁剂擦拭一遍玻璃平板

    ④用软干布将玻璃平板擦干、擦净

    A. ①②③④　　　　　　　　　　B. ②①③④

    C. ③④①②　　　　　　　　　　D. ②①④③

（二）填空题

1. _____是一种安全技术，其功能主要在于及时发现并处理计算机系统在访问互联网的过程中存在的安全风险。

2. 更改用户账户的类型时，可以选择_____和_____。

3. 如果较长时间不使用显示器，最好使计算机进入_____。

4. 计算机的日常维护包括_____、_____和文件的维护。

5. 定期清理计算机的磁盘，包括_____、_____等。

（三）判断题

1. 清理磁盘空间可以优化磁盘空间。　　　　　　　　　　　　　　　（　　　）

2. 磁盘清理可以帮助释放硬盘驱动器的空间。　　　　　　　　　　　（　　　）

3. 在 Windows 10 操作系统中只能创建一个用户账户。　　　　　　　（　　　）

4. 鲁大师是一款杀毒软件。　　　　　　　　　　　　　　　　　　　（　　　）

5. 安装杀毒软件是保障计算机安全的唯一措施。　　　　　　　　　　（　　　）

6. 关闭计算机时，直接关闭计算机的电源就行了。　　　　　　　　　（　　　）

7. 只要是需要使用的软件，都可以安装在操作系统中。　　　　　　　（　　　）

8. 使用打印机时，打印头的位置要根据纸张的厚度及时调整。　　　　（　　　）

9. 扫描仪如果落上灰尘或者其他杂质，会影响图片的扫描质量。　　　（　　　）

10. 键盘和鼠标均是机械和电子的结合型设备，使用时不能用力过猛，以避免损坏。

                                            （　　　）

（四）简答题

1. 防火墙是什么？它有什么功能？

2. 用于系统测试和维护的软件有哪些？这些软件各自的主要功能是什么？

3. 请简述关闭计算机的正确方法。

4. 怎么调整显示器的亮度？

5. 计算机磁盘的清理包括哪两个方面？具体如何操作？

（五）操作题

1. 按照下列要求操作计算机防火墙。

（1）打开计算机的 Windows 安全中心。

（2）为计算机的专用网络设置防火墙，关闭公用网络的防火墙。

（3）使用"允许应用通过防火墙"功能阻止计算机中的自动更新程序。

2. 按照下列要求为计算机新建一个标准账户。

（1）添加一个名称为"public"的账户，设置其密码为"23456"。

（2）设置"public"账户的类型为"标准用户"。

（3）为创建的"public"账户设置权限，例如为其添加"计算器"应用程序的使用权限。

3．按照下列步骤，使用鲁大师对计算机系统进行测试和维护。

（1）对计算机的硬件进行检测，并根据检测结果进行修复。

（2）对计算机的性能进行测试，并根据测试结果评估计算机的性能。

（3）对计算机进行清理优化。

4．按照下列步骤，使用360安全卫士对计算机系统进行维护。

（1）对计算机进行检测，根据检测结果进行优化。

（2）使用"木马查杀"功能进行全盘查杀。

（3）清理计算机中的插件和使用痕迹。

（4）修复计算机的系统漏洞。

 四、课后总结

请回顾本项目内容，对项目知识的学习情况进行总结。

1．学习重难点

2．学习疑问

3．学习体会

模块2

网络应用
——与神奇的网络世界亲密接触

项目 2.1　认识网络

一、学习目标

知识目标

◎ 了解网络技术的发展。
◎ 熟悉互联网的影响以及与互联网相关的社会文化特征。
◎ 掌握常见的网络体系结构。
◎ 掌握IP地址的配置方法。

技能目标

◎ 能够熟知网络技术发展各阶段的特点。
◎ 能够按照网络体系结构区分常见的网络设备。
◎ 能够根据TCP/IP设置网络参数。

素养目标

◎ 了解网络的发展，感受国家的强大。
◎ 正确对待网络，不在网络中迷失自我。
◎ 培养对网络域名的敏感度。
◎ 培养主动学习、热爱分享的良好习惯。

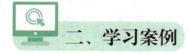

二、学习案例

案例1　6G离我们有多远

第六代移动通信技术（6G，也被称为第六代移动通信标准），是对目前5G技术的进一步发展和升级。6G将全面支持以人为中心的沉浸式交互体验和高效可靠的物联网场景，有效融合通信、计算、感知等，支持各类智能化服务，如智能体交互、通信感知、普惠智能等新业务，全面引领经济社会数字化、智能化、绿色化转型。

我国非常重视6G的研究，早在2019年就成立了IMT-2030（6G）推进组，并积极与国际组织、企业和研究机构开展合作，共同推进6G的标准制定和研发工作。我国6G推进组组长、中国信息通信研究院副院长王志勤表明，6G的标准化制定时间预计为2025年，商用时间为2030年左右。未来，6G要连接的对象不仅仅是人，还有很多的智能体，如机器人、元宇宙等，并且，还有望实现其三个应用场景，分别是通信和感知的结合、通信和人工智能的结合和泛在物联（即天地融合场景）。

请搜集6G的相关资料，思考以下问题。

（1）什么是6G？我国目前的6G研发处于什么阶段？

（2）6G的应用场景有哪些？有怎样的发展趋势？

（3）网络技术对国家发展有什么作用？作为青少年，应如何了解最新的网络技术？

案例2　"互联网+"

随着科学技术与互联网的快速发展，一种利用互联网的优势来创造新的发展机会，对传统行业进行优化升级与转型的新业态出现了，这种新业态就是"互联网+"。"互联网+"是一种新的社会形态，能充分发挥互联网的各种优势和作用，将互联网的创新成果融入社会和经济发展的各个领域，推进社会的发展与创新。

2015年7月，国务院印发《国务院关于积极推进"互联网+"行动的指导意见》，首次将"互联网+"社会的发展提上日程，由此推动大数据、远程医疗、电子商务、移动支付、新一代信息基础设施建设等的发展。2020年5月，国务院政府工作报告中提出，全面推进"互联网+"，打造数字经济新优势。将数字经济做大做强，是"互联网+"社会的下一阶段目标，这也给年轻人未来为之奋斗提供了广阔天地。作为新时代的中国青少年，在这场"互联网+"的推进中要不断成长，把握时代赋予的机遇与挑战。中国人民大学中国就业研究所与智联招聘联合发布的《2022年一季度高校毕业生就业景气报告》显示，互联网、电子商务、计算机软件、现代服务、智能制造等行业的招聘信息较多，这些行业急需大量具有创新能力的年轻人，这些年轻人可以在各种互联网新产业、新业态中进行创新，为自己带来更广阔的发展空间。

请搜集"互联网+"和"数字经济"的相关资料，思考以下问题。

（1）"互联网+"体现了网络发展的哪些特点？

（2）"互联网+"与传统行业有什么区别？传统行业如何向"互联网+"升级与转型？

（3）在"互联网+"时代，青少年应怎么做才能为国家的数字经济建设出力？

三、课堂测验

（一）选择题

1．［单选］从网络应用和连接主体的角度出发，可以将网络技术的发展归纳为（　　）个阶段。

    A．二　　　　　　B．三　　　　　　C．四　　　　　　D．五

2．［单选］固定通话、移动通话属于（　　）时代。

    A．电话网络　　　　　　　　　　B．互联网络

    C．物联网络　　　　　　　　　　D．万物网络

3．［多选］以下属于互联网应用的有（　　）。

    A．网上购物　　　　　　　　　　B．网上缴费

    C．在线网课　　　　　　　　　　D．网络会议

4．［多选］青少年面对互联网，应保持（　　）的态度。

    A．以网络时代为立足点，正确认识网络的作用

    B．了解互联网的积极与消极影响，正确看待互联网

    C．自律、自强，不沉迷网络

    D．勤奋、好学，利用一切互联网知识获取利益

5．［多选］下面关于互联网的社会文化特征的说法中，正确的有（　　）。

    A．互联网发展到一定程度才会影响社会文化

    B．互联网提升了个人参与公共领域活动的意识

    C．互联网改变了社交模式，拉近了人与人之间的距离

    D．互联网中的言论可以影响人们的观念和行为

6．［单选］图2-1所示的网络拓扑结构是（　　）。

图2-1

A. 总线型　　　　B. 环形　　　　C. 星形　　　　D. 网状形

7. ［单选］用户访问网站的正确顺序是（　　　）。

①输入网址　　　②数据打包　　　③数据传输　　　④数据返回

A. ①③②④

B. ③①②④

C. ①②③④

D. ③②①④

8. ［单选］互联网协议一般是指（　　　）。

A. IP

B. HTTP

C. TCP/IP

D. DNS

9. ［多选］下面关于互联网的说法，表述正确的有（　　　）。

A. 计算机连接网络后，会被分配一个 IP 地址

B. 用户一般通过输入 IP 地址来访问网站

C. DNS 服务器可以将网站的域名转换为对应的 IP 地址

D. IP 地址是通过计算机的网卡传输给路由器、网线的

10. ［单选］下面的 IP 地址中，格式正确的是（　　　）。

A. 192.168.0.125

B. 192.168.0.265

C. 192,168,0,215

D. 192.168.0

11. ［多选］目前比较常用的互联网协议有（　　　）。

A. IPv3

B. IPv4

C. IPv5

D. IPv6

12. ［多选］下面关于域名的说法，正确的有（　　　）。

A. 每一个域名对应唯一的 IP 地址

B. "www.baidu.com" 中的 "com" 表示这个网站是一个商业机构

C. 域名的各组成部分用 "." 分隔

D. 域名的各组成部分只能包含一种类型，一级域名和二级域名不能同时存在于一个域名中

13. ［单选］下面属于个性域名的是（　　　）。

A. .cn　　　　B. .gov　　　　C. .info　　　　D. .edu

14. ［单选］随着 6G 的研发与创新，未来将实现"万物互联"到（　　　）的转变。

A. "万物智联"

B. "万物互融"

C. "万物融合"

D. "万物智融"

15. ［多选］对于互联网上的信息，人们可以（　　　）。

A. 不关注

B. 交流讨论

C. 保持怀疑

D. 保持关注

（二）填空题

1. _____应用于人与人、人与物、物与物的互联互通，如云服务、人工智能、物联网等。

2. _____是网络与网络之间利用通用的网络传输协议相连，所形成的逻辑上的单一巨大网络。

3. 网络中各个端点相互连接的方法和形式称为_____。

4. _____是将域名和与之对应的 IP 地址进行转换的服务器。

5. 在 Windows 10 操作系统的命令提示符窗口中输入_____，按【Enter】键可查看计算机的网络配置信息。

6. IP 地址的每一段数字最大不超过_____。

7. 第 6 版互联网协议（IPv6）地址采用_____位数据长度。

8. _____是 IPv6 的升级，是面向 5G 和云时代的 IP 网络创新体系。

（三）判断题

1. 互联网虽然为人们的工作、学习和生活带来了很多的便利，但也带来了一些负面影响，如网络犯罪。　　　　　　　　　　　　　　　　　　　　　　　　（　　　）

2. 对于引起人们热议的网络事件，人们对该事件的看法与参与情况会影响到事件的走向和结果。　　　　　　　　　　　　　　　　　　　　　　　　　　　（　　　）

3. 如果需要快速搭建只有少量客户端的网络，可以选择树形结构进行组网。（　　　）

4. 虽然不同的 IP 地址对应不同的域名，但其子网前缀长度都是一样的。（　　　）

5. 网关和 DNS 的数据与 IP 地址是对应的，只需要修改最后一位的长度。（　　　）

6. 网络拓扑结构反映的是计算机组网的几何形式。　　　　　　　　　　（　　　）

7. 互联网是虚拟的网络，人们可以在网上为所欲为。　　　　　　　　　（　　　）

8. 我国目前最新的已商用的移动通信技术是 6G。　　　　　　　　　　（　　　）

（四）简答题

1. 互联网的工作原理是怎样的？请绘制出用户访问网站的原理图。

2. 互联网的积极影响与消极影响主要体现在哪些方面？

3. 网络技术有哪几个发展阶段？各阶段的特点是什么？

4. 常见的网络拓扑结构有哪几种类型？各类型的特点是什么？

5. IP 地址有哪几种类型？各类型的特点是什么？

6. 互联网的社会文化特征有哪些具体表现？

（五）操作题

1. 随着互联网的发展与普及，网络早已深入青少年生活和学习的方方面面，但由于青少年的心智发育还不够成熟，缺乏自制力，容易出现一些使用网络的不良行为，请参考表 2-1 所示的内容，搜集青少年使用网络的不良行为，并说明其危害和防范措施。

表2-1　青少年使用网络的不良行为及其危害和防范措施

不良行为	危害	防范措施
示例：沉迷网络游戏	荒废学业	加强网络思想政治教育，养成良好的网络使用习惯

续表

不良行为	危害	防范措施

2. 使用不同的网络拓扑结构设计计算机的互连方案，要求搭建一个包含 2 个路由器、1 个交换机和 3 台计算机的连通网络，使其能够实现网络互连。连接后再通过命令提示符窗口查看计算机的网络连接信息。

方案 1：

方案 2：

3. 小王是寝室的室长，他制作了一份学习资料想要分享给室友，请按照下列要求进行操作，帮助小王进行文件的分享。

（1）使用网线连接寝室中的计算机，实现各计算机之间的互连。

（2）查看小王的计算机 IP 地址。

（3）将小王的计算机 IP 地址设置为"192.168.0.3"，子网掩码设置为"255.255.255.0"，默认网关设置为"192.168.0.3"。

（4）参照小王的计算机 IP 地址，设置寝室中的其他室友的计算机 IP 地址，从而组成局域网。

（5）在小王的计算机中找到学习资料文件，将该文件设置为共享文件。

（6）在该局域网的其他计算机中访问小王的计算机，找到学习资料文件并进行复制。

四、课后总结

请回顾本项目内容，对项目知识的学习情况进行总结。

1. 学习重难点

2. 学习疑问

3. 学习体会

项目 2.2 配置网络

 一、学习目标

知识目标

◎ 熟悉常见网络设备的类型和功能。
◎ 掌握网络的连接和设置方法。
◎ 掌握网络故障的判断和排除方法。

技能目标

◎ 能够分辨不同的网络设备。
◎ 能够正确地连接网络，使多台计算机处于同一网络环境中。
◎ 能够判断网络故障，并采取正确的方法排除故障。

素养目标

◎ 提升数字化学习能力。
◎ 培养不怕困难、勇于实践与付诸行动的品质。
◎ 培养思考问题、分析问题和解决问题的能力。

 二、学习案例

案例 1 "信号升格"来了

2023 年 12 月 27 日，工业和信息化部、国家发展改革委、教育部、自然资源部、住房城乡建设部、交通运输部、农业农村部、文化和旅游部、国家卫生健康委、国家文物局、中国国家铁路集团有限公司联合印发《关于开展"信号升格"专项行动的通知》，该通知旨在落实《数字中国建设整体布局规划》，按照《"十四五"信息通信行业发展规划》

《"双千兆"网络协同发展行动计划（2021—2023年）》等工作安排，加快推动移动网络深度覆盖，提升网络质量，优化用户感知，不断满足人民群众日益增长的美好生活需要，支撑重点行业数字化转型需求，促进经济社会高质量发展。该通知的主要内容如下。

（1）实现移动网络（4G和5G）信号显著增强，移动用户端到端业务感知明显提升，资源要素保障更加有力，监测评估能力持续增强，为广大用户提供信号好、体验优、能力强的高品质网络服务。

（2）推动"信号升格"，加强重点场景网络覆盖，其中，重点场景包括政务中心、文旅场景、医疗机构、高等学校、交通枢纽、城市地铁、公路铁路水路、重点商超、住宅小区、商务楼宇及酒店、乡镇农村等。

（3）推动"感知升格"，加快重点业务服务提升，包括优化互联网应用基础设施部署、完善互联网业务感知关键指标监测分析、加强新技术应用和产品方案研发等。

（4）推动"保障升格"，强化资源要素高效协同，包括统筹推进跨行业规划衔接和标准落实、保障重点场所通信基础设施建设通行权、加强通信基础设施用能保障等。

（5）推动"能力升格"，促进监测评测水平提升，包括完善网络质量评测体系和监测能力、强化通信网络抗毁能力等。

请搜集网络的相关信息，思考以下问题。

（1）我国网络目前已发展到何种水平？

（2）网络的应用场景有哪些？

（3）网络能为数字中国建设提供哪些支持？

（4）作为青少年，如何加强自身的网络素养，更好地投身数字中国建设？

案例2　网卡故障的表现与排除

某公司最近对计算机网络进行了较大的扩容和调整，但扩容和调整后，网络使用却出现了问题，具体表现为网络请求出现等待现象，网速较慢，打开网页时从刚开始的耗时1秒左右变为20秒，甚至1分钟以上。公司网络设备管理人员查看了集线器、交换机后发现，指示灯一直闪烁，计算机的主服务器CPU资源利用率达到98%。网络设备管理人员首先怀疑计算机中了病毒，使用杀毒软件扫描并查杀后发现故障现象依然存在。

为了进一步排除故障，公司网络设备管理人员使用网络测试仪测试网速，通过对测试数据的分析，将问题集中到了网卡或网卡驱动程序上。为了确认具体是什么问题，公司网络设备管理人员重新安装了网卡驱动程序，但故障现象依然存在。这说明造成这次故障的主要原因是网卡，故网络设备管理人员最后更换网卡，更换后网络恢复正常。

网卡出现故障后，常有两种表现：一是网卡不向网络发送任何数据，计算机无法上网；二是网卡能发送数据，但除了发送正常数据以外，还发送大量错误数据，导致CPU资源被占用，从而影响网速并使计算机上的应用程序的运行速度受到影响。

请搜集网络故障的相关信息，思考以下问题。

（1）网卡在什么情况下容易发生故障？

（2）网络故障除了网卡故障外，还有哪些常见的故障？

（3）如何避免频繁发生网络故障？出现网络故障时，可使用哪些方法进行排除？

 三、课堂测验

（一）选择题

1. ［多选］以下属于常见的网络设备的有（　　　）。

　　A. 调制解调器　　　　　　　　　B. 路由器

　　C. 交换机　　　　　　　　　　　D. 集线器

　　E. 网卡

2. ［单选］网络设备中的"Modem"是指（　　　）。

　　A. 交换机　　　　　　　　　　　B. 路由器

　　C. 调制解调器　　　　　　　　　D. 网卡

3. ［单选］路由器是用于连接网络的硬件设备，在网络间起着（　　　）的作用。

　　A. 网关　　　　　　　　　　　　B. 传输

　　C. 转换　　　　　　　　　　　　D. 连接

4. ［单选］交换机是组建局域网时常用的网络设备，它一般有（　　　）连接端口。

　　A. 1个　　　　　B. 2个　　　　　C. 3个　　　　　D. 多个

5. ［单选］当只有两台设备需要连接互联网时，一般使用（　　　）连接这两台设备。

　　A. 网线　　　　　B. 交换机　　　　C. 集线器　　　　D. 路由器

6. ［单选］图2-2所示的网络设备是（　　　）。

图2-2

　　A. 调制解调器　　　　　　　　　B. 路由器

　　C. 交换机　　　　　　　　　　　D. 集线器

7. ［单选］（　　　）中拥有介质访问控制（Medium Access Control，MAC）地址。

　　A. 交换机　　　　　　　　　　　B. 路由器

　　C. 调制解调器　　　　　　　　　D. 网卡

8. ［多选］网线的传输介质包括（　　　　）。

    A. 双绞线   B. 光纤

    C. 同轴电缆   D. 电磁波

9. ［单选］线路和设备损坏、插头松动、信号受到干扰等情况属于（　　　　）故障。

    A. 物理   B. 逻辑

    C. 实体   D. 抽象

10. ［单选］替换排除法适用于排除网络设备的（　　　　）故障。

    A. 物理   B. 逻辑

    C. 实体   D. 抽象

11. ［单选］新购置或复位后的路由器的默认 IP 地址为（　　　　）。

    A. 192.168.1.1   B. 192.168.0.1

    C. 255.255.255.0   D. 255.255.255.255

12. ［多选］无线路由器的功能包括（　　　　）。

    A. WAN 设置   B. LAN 设置

    C. 动态主机配置协议设置   D. 无线设置

（二）填空题

1. ＿＿＿＿＿＿＿＿＿＿＿可以进行数字信号与模拟信号之间的互相转换。

2. 利用光纤传输信号的光调制解调器称为＿＿＿＿＿＿＿＿＿＿＿。

3. 当有多台设备需要连接到同一个互联网时，需要使用＿＿＿＿＿＿＿＿＿＿来连接这些设备。

4. 台式计算机使用的网卡一般为＿＿＿＿＿＿＿＿＿＿，笔记本电脑使用的网卡则多为＿＿＿＿＿＿＿＿＿＿。

5. 在光纤的一端用手电筒对准光纤头部照亮，如果光纤另一端的头部没有亮点，则说明光纤出现了＿＿＿＿＿＿＿＿＿＿故障。

6. 家庭无线网络的不同区域的无线网络信号强弱分明时，可以使用＿＿＿＿＿＿＿面板来进行家庭网络的规划。

7. ＿＿＿＿＿＿＿＿＿＿是指智能设备之间基于 Wi-Fi 或蓝牙等无线通信技术进行网络连接的一种技术，它不需要用户手动设置，设备之间可以自动感知彼此，并快速建立连接。

（三）判断题

1. 调制解调器只能将计算机的数字信号转换成可沿普通电话线传输的模拟信号，不能将模拟信号转换成计算机能够识别的数字信号。（　　　　）

2. 调制解调器有外置和内置之分，常用的调制解调器主要是内置的。（　　　　）

3. 路由器分为有线路由器和无线路由器，一般无线路由器上有多个信号天线。

（　　）

4. 出现网络故障时，首先应该检查线路是否畅通、插头是否松动，以排除基本的物理故障。（　　）

5. 路由器设置错误导致路由循环或找不到终端地址时，会使网络无法使用。（　　）

6. 连接无线网络时，一般只需连接无线路由器和光调制解调器。（　　）

7. 在家庭无线网络中配置 AP 面板时，需要在每个房间中都安装无线 AP 面板。

（　　）

8. 网络已经成为人们工作和生活不可或缺的一部分，但当下的网络服务仍然存在一些问题，如信号覆盖不全、网络速度不稳定、网络安全管控难等。（　　）

（四）简答题

1. 什么是调制解调器？请简述其工作原理。

2. 路由器和交换机分别是什么？有什么作用？

3. 什么叫网卡？网卡有哪些类型？

4. 网络故障可以分为哪些类型？各类型的故障怎么进行排除？

（五）操作题

1. 请按照下列操作制作一根网线并测试网线是否能连通网络。

（1）准备制作网线需要的工具和材料，包括网线、水晶头（至少两个）和网线钳。

（2）用网线钳在网线一端切断 2cm 左右的网线包皮，拉出包皮，剪去屏蔽膜，露出网线芯。

（3）拉直网线芯，并将网线芯从左向右按白橙、橙、白绿、蓝、白蓝、绿、白棕和棕的颜色顺序排列。

（4）手握网线芯（注意保持颜色顺序不变），将其放入网线钳剪线口，平整剪去多余的线芯，留 1.5cm 左右即可。

（5）取出水晶头，水晶头卡扣向下，将剪好的线芯（注意保持颜色顺序不变）插入水晶头各芯槽并穿过金属片底部。

（6）将水晶头插入网线钳的水晶夹口，用力抓网线钳的上下手柄，完成网线一端水晶头的制作。

（7）使用相同的方法制作网线另一头的水晶头，完成网线的制作。

（8）将路由器接通电源，同时将制作好的网线两端插入路由器上的 LAN 端口，如果路由器上的信号灯呈闪烁状态，证明网线可以接通网络。

2. 请按照下列操作进行无线路由器的配置。

（1）接通无线路由器的电源，将网线的一端插在无线路由器的 WAN 端口（一般为蓝色端口），将网线的另一端插入计算机主机背后的 LAN 接口，完成无线路由器的连接。

（2）在浏览器中输入无线路由器机身底部的默认地址（一般是 192.168.1.1）。

（3）输入无线路由器的登录账号和密码（账号和密码一般均默认为 admin）。

（4）进入设置向导界面，单击"下一步"按钮，设置上网方式。

（5）进入设备管理界面，查看网络中连接的设备上网情况，根据需要对设备进行管理，如禁用设备、限制网速等。

3. 请按照下列操作，使用鲁大师检测计算机中各硬件的情况。

（1）下载并安装鲁大师，启动软件，对计算机硬件进行检测，分别查看各硬件的相关信息，包括型号、生产日期和生产厂家等。

（2）单击"温度管理"选项卡，对硬件的温度进行检测，并测试温度压力。

（3）单击"性能测试"选项卡，对计算机性能进行测试，并得出分数。

（4）在 Windows 10 操作系统界面中按【Win+R】组合键，在打开的"运行"对话框的"打开"下拉列表框中输入"devmgmt.msc"，按【Enter】键。

（5）打开"设备管理器"对话框，单击各硬件对应的选项，与前面检测的结果进行对比。

4. 小明最近更换了计算机的主板，但在格式化硬盘时，系统喇叭发出刺耳的报警声，提示 CPU 温度过高，小明按照下列操作对该故障进行了排除，并对每一步排除诊断的结果进行了分析，请你根据小明的诊断结果，对出现该故障的原因进行总结和分析。

（1）打开机箱，用手触摸 CPU 的散热片。

诊断结果：CPU 温度不高，主板的主芯片也只是微热，仔细检查后没有发现其他问题。

（2）重启计算机，在 BIOS 的硬件检测里查看 CPU 的温度。

诊断结果：CPU 温度为 95℃，但是用手触摸 CPU 的散热片，温度却不高。

（3）拆下 CPU 的散热片，检查散热片状态。

诊断结果：散热片和芯片之间贴着一片像塑料纸一样的东西。

最终结论：

造成该故障的原因：

5. 请按照下列操作清理计算机中的灰尘，对计算机进行维护。

（1）准备必要的清理工具，包括吹风机、显示器清洁剂、十字螺丝刀、硬纸片、橡皮擦、擦净布、风扇润滑油、清水、酒精、吹气球和硬毛刷等。

（2）完全关闭计算机电源，将计算机所有的电源插头全部拔下，然后清洗双手，并触摸铁质水龙头释放静电。

（3）用十字螺丝刀将机箱盖拆开（有些部分可以直接用手拆开），然后拔掉所有插头。

（4）将内存条拆下来，使用橡皮擦轻轻地擦拭金手指，注意不要碰到电子元件；电路板部分使用硬毛刷轻轻扫掉灰尘。

（5）将CPU散热器拆下来，分离散热片和风扇，用水冲洗散热片，然后用吹风机吹干。风扇可用硬毛刷和擦净布或纸清理干净。将风扇的不干胶撕下，向孔口中滴一滴润滑油（注意不要加太多），接着转动风扇片以便孔口的润滑油渗入，最后擦干净孔口周围的润滑油，用新的不干胶封好。在清理机箱电源时，也要对风扇进行除尘、加润滑油。

（6）清理独立显卡的金手指并加几滴润滑油。

（7）用硬毛刷将主板上的灰尘刷掉（不宜用力过猛），再用吹风机猛吹（如果天气潮湿，最好用热风），最后用吹气球做细微的清理。对于插槽部分的清理，可将硬纸片插进去后来回拖曳，达到除尘效果。

（8）使用硬纸片清理光驱和硬盘接口。

（9）使用带酒精的擦净布清理机箱表面、键盘和显示器的外壳。对于键盘的键缝，需要慢慢地用布擦，也可用棉签清理。

（10）使用专业的清洁剂清理显示器，然后用擦净布擦干净。将计算机中的各种连线和插头都用擦净布擦干净。

四、课后总结

请回顾本项目内容，对项目知识的学习情况进行总结。

1. 学习重难点

2. 学习疑问

3. 学习体会

项目 2.3　获取网络资源

 一、学习目标

知识目标

◎ 熟悉网络资源的类型。
◎ 能够辨识和区分网络信息。
◎ 掌握网络资源的使用方法。

技能目标

◎ 能够区分各种类型的网络资源，并能按照需求搜集网络资源。
◎ 能够有效地识别网络中的各种信息。
◎ 能够通过网络与他人交流，并发布信息。

素养目标

◎ 培养知识产权意识和版权意识。
◎ 提升对信息安全性、准确性和可信性的评估能力。
◎ 树立正确的价值观，如通过正规的途径获取网络资源。
◎ 树立自觉抵制不良信息的意识。

 二、学习案例

案例1　网络信息的传播与识别

2024年1月，章贡网安大队在日常网络巡查中发现，一条与江西公务员薪酬调整相关的视频，在短时间内获得大量网民的浏览与转发。经调查核实后发现，该视频内容纯属不实信息。该视频是某网络用户为博取流量，使用某AI软件智能生成了一篇文章并用该文章智能生成的一段AI视频。该用户在未经核实的情况下，将视频发布至网络，导致相关不实信息迅速在网络传播。由于发现及时，尚未造成重大负面影响，该用户被警方依法进行批评教育，并要求立即删除相关信息。

网络并不是法外之地，在网络上发布信息同样需要遵守法律法规，不得发布违法、淫秽、暴力或歧视性的内容，应确保所提供的信息准确可靠，避免传播谣言或虚假消息。同时，还应该尊重他人的言论和观点，不对他人进行恶意攻击、人身攻击或辱骂。

近年来，随着网络信息技术的快速发展和广泛应用，各类移动信息终端、网络社交软件、自媒体平台等应运而生。新的信息传播方式在为人们带来便捷的同时，也为各种假新闻和网络谣言提供了传播渠道。据微博统计，仅在 2022 年，微博共有效处置不实信息 82274 条，辟除新增谣言及引导争议事件 1355 例。#微博辟谣#平台总阅读数 117.7 亿，讨论量 722.5 万，同比 2021 年阅读数增长了 14.05%。因此，人们通过互联网获取信息时，要注意辨别信息的真实性，尽量以客观、辩证的思维去分析互联网中的信息，养成尽量通过正规、专业的网站，以及官方媒体和政府网站获取一手信息的习惯。

请搜集网络信息传播与识别的相关资料，思考以下问题。

（1）网络信息的体量巨大、真伪难辨，我们应该如何加强对信息的真伪鉴别能力？

（2）青少年应养成哪些良好的网络信息浏览与发布习惯，营造风清气正的网络环境？

案例 2 版权意识淡薄导致品牌危机公关

2022 年 5 月 21 日是传统节气"小满"，在这一天很多品牌都会借势营销，其中某汽车品牌邀请艺人合作，在各大网络平台中发布了一则视频广告。该广告发布后短时间内转发、点赞数均过万，该品牌官方微博发布的这则视频广告播放量迅速超过了百万。

但是，不到 24 小时，这则视频广告的舆论却急转直下。一名网友发布短视频称，该品牌的这则视频广告的文案涉嫌抄袭他在 2021 年发布的一条视频，并且该网友还在短视频中拆解对比了两则视频，重复度竟然非常高，很多网友评论这已经不是抄袭，而是照搬。一时之间，关于这则视频广告的赞誉都化为了指责，品牌方不得不紧急发布道歉声明，并就其视频广告涉嫌抄袭一事进行处理。最终，该视频广告在网络平台下架，但其仍旧对品牌的形象造成了损害。

请结合本案例与自己的体会，思考以下问题。

（1）该品牌发布的视频广告违反了哪些法律法规？

（2）导致该品牌出现危机公关的主要原因是什么？

（3）作为个人，可以通过哪些途径增强版权意识？

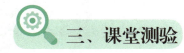 ### 三、课堂测验

（一）选择题

1. ［单选］以下属于政府发布的信息资源的是（   ）。

　　A. 政府发布的新闻　　　　　　　　B. 行业数据

　　C. 行业报告　　　　　　　　　　　D. 产品信息

2. ［多选］网络资源按不同版权的要求，可以分为（　　　　）。

　　A. 开放资源　　　　　　　　　　　B. 可商用资源

　　C. 免费资源　　　　　　　　　　　D. 付费资源

3. ［单选］政府部门公开的资源一般是（　　　　）。

　　A. 开放资源　　　　　　　　　　　B. 可商用资源

　　C. 免费资源　　　　　　　　　　　D. 付费资源

4. ［单选］网络信息的真伪主要是指信息的（　　　　）。

　　A. 开放度　　　　　　　　　　　　B. 可信度

　　C. 权威性　　　　　　　　　　　　D. 客观度

5. ［多选］信息来源的（　　　　）等都可以作为判断信息源可信度的依据。

　　A. 权威性　　　　　　　　　　　　B. 信誉度

　　C. 真实性　　　　　　　　　　　　D. 时效性

6. ［多选］网络信息的传递方式主要有（　　　　）等几种。

　　A. 官方网站传递

　　B. 互动平台传递

　　C. 第三方平台传递

　　D. 群发推送式传递

7. ［单选］根据信息的时效性，将当前信息、近期信息、过期信息按照信息的可信度从低到高排列的顺序是（　　　　）。

　　A. 当前信息＜近期信息＜过期信息

　　B. 当前信息＜过期信息＜近期信息

　　C. 过期信息＜当前信息＜近期信息

　　D. 过期信息＜近期信息＜当前信息

8. ［单选］JPEG 格式的资源一般是指（　　　　）。

　　A. 文本资源　　　　　　　　　　　B. 图像资源

　　C. 音频资源　　　　　　　　　　　D. 企业资源

9. ［多选］以下属于工业产权所涵盖范围的有（　　　　）。

　　A. 专利权　　　　　　　　　　　　B. 商标权

　　C. 实用新型设计　　　　　　　　　D. 原产地标记

（二）填空题

1. 网络信息资源是指以＿＿＿＿＿＿＿＿＿形式记录，以＿＿＿＿＿＿＿＿＿形式表达，存储在网络上并通过信息技术通信方式传递的信息内容的集合。

2. ＿＿＿＿＿＿＿＿＿是指可以在许可范围内免费使用的资源。

3. ＿＿＿＿＿＿＿＿＿是关于人类在社会实践中创造的智力劳动成果的专有权利。

4. ＿＿＿＿＿＿＿＿＿是指自然人、法人或其他组织对文学、艺术和科学作品依法享有的财产权利和精神权利的总称。

5. ＿＿＿＿＿＿＿＿＿是指工业、商业、农业、林业和其他产业中具有实用经济意义的一种无形财产权。

（三）判断题

1. 专业团队资源一般是由在某个领域具有专业知识和技术的团队所发布的与专业相关的各种资源。　　　　　　　　　　　　　　　　　　　　　　　（　　　）

2. 网络资源只要付费后就可以商用。　　　　　　　　　　　　　　（　　　）

3. 政府事业单位、新闻媒体、大型企业等官方网站提供的信息资源的可信度比个人提供的信息资源的可信度更高。　　　　　　　　　　　　　　　　　　（　　　）

4. 非官方网站或个人发布的信息一般是虚假的，不能相信。　　　　（　　　）

5. 信息在网络中存在的时间越长，信息的可信度就越低。　　　　　（　　　）

6. 群体都认同的信息的可信度较高，因此采用群发推送方式传递的信息的可信度也较高。　　　　　　　　　　　　　　　　　　　　　　　　　　　　（　　　）

7. 我国的知识产权保护发展已经较为完善，有很多相关的法律法规。（　　　）

（四）简答题

1. 网络资源可以根据哪些标准进行划分？

2. 什么是新媒体？什么是自媒体？两者有何区别？

3. 分辨网络信息真伪的方式主要有哪些？

4. 正确使用网络资源的策略有哪些？

5. 我国有哪些与知识产权保护相关的法律？

（五）操作题

1. 按照下列要求获取与"春节"相关的资源。

（1）通过浏览器搜索与"春节"相关的文本资源，将春节的来源、春节的习俗等信息复制并粘贴到 Word 文档中，以作为文本资源保存下来。

（2）通过浏览器搜索与"春节"相关的图片资源，将图片保存到计算机中。

（3）通过抖音搜索与"春节"相关的音频与视频资源，将最近发布的音频与视频资源下载下来。

（4）在政府部门网站中查看今年的春节放假安排。

2. 在网络中搜索以下信息，体会网络资源的各种形式。

（1）通过百度搜索引擎搜索 5 位时代楷模，搜集各位模范人物的信息。

（2）通过百度学术搜索 5G，了解 5G 的相关内容。

（3）通过万方数据知识服务平台查看 5G 相关的专利。

3. 按照下列要求进行"乡村振兴"信息的查阅。

（1）在微博中搜索包含"乡村振兴"的信息。

（2）在微信中搜索包含"乡村振兴"的文章。

（3）在抖音中搜索包含"乡村振兴"的视频。

（4）对比从这 3 个平台搜集到的信息，对信息进行整理后总结出乡村振兴的意义。

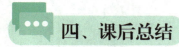

四、课后总结

请回顾本项目内容，对项目知识的学习情况进行总结。

1. 学习重难点

2. 学习疑问

3. 学习体会

项目 2.4　网络交流与信息发布

一、学习目标

知识目标

◎ 掌握网络通信与网络信息传送的理论知识。
◎ 掌握编辑、加工和发布网络信息的方法。
◎ 掌握网络的远程操作方法。

技能目标

◎ 能够使用QQ、微信进行信息的发布和文件的传送。
◎ 能够使用远程工具远程操作网络。
◎ 能够编辑和发布网络信息。

素养目标

◎ 养成合理规划网络使用时间、不过度依赖网络的良好习惯。
◎ 文明上网，友善地与他人交流，不侮辱、谩骂他人。
◎ 在网络交流、网络信息发布等活动中，坚持正确的网络文化导向，弘扬社会主义核心价值观。

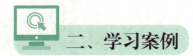

二、学习案例

案例1　不良网络习惯的危害

随着互联网的发展和普及，中学生很早就开始接触网络，并成为目前网络用户的一大群体。虽然网络为我们的学习、生活和工作带来了极大的便利，但中学生有时不能很好地分配网络生活与现实生活的时间，可能会沉迷网络，甚至做出各种违纪违法的行为。

小张是一名中学生，刚上中学时他喜欢学习，思想上进，但在接触网络后，由于缺乏自制力开始沉迷网络游戏，渐渐地没有心思学习，导致学习成绩下降。小张看到之前学习不如自己的同学超过了自己，意识到了沉迷网络对学习带来的负面影响，于是开始合理安排自己的学习与游戏时间，最终发奋图强，使学习回到了正轨。

小赵是某学校的高一学生，因为性格开朗、喜好聊天，经常与网络中的网友交流，并随意告知他人自己的信息，如姓名、出生日期、亲属、联系电话等真实信息，造成个人信息的泄露，后来甚至被他人冒充借钱，导致亲戚朋友损失了 5000 余元。

网络是一把"双刃剑"，既给人们提供了丰富多彩的信息，突破了传统交流的限制，也带来了一些负面影响，请结合案例和自己的体会，思考以下问题。

（1）网络在信息交流方面有什么优势？

（2）如何养成良好的网络使用习惯，抵御网络中的各种诱惑？

案例2　网络直播诈骗

小陈是一名中职学生，某次偶然间看了一场直播后被主播介绍的内容吸引，成为该主播的粉丝。小陈经常与主播互动，有时还通过直播平台打赏主播，一段时间后小陈成了该主播的"铁粉"。该主播后来主动联系小陈，添加他为微信好友。通过微信，小陈对该主播有了深入的了解，他们成了无话不谈的好朋友。但之后，该主播编造各种借口和理由要求小陈为其转账。连续的转账使小陈产生了怀疑。在该主播又以生病买药为由要求小陈转账时，小陈拒绝了，随后小陈发现该主播将他从微信好友中拉黑并删除了。至此，小陈意识到他可能遇到了骗子。

后来，小陈上网查询了网络诈骗案件的手法，并与父母讨论了这个问题，发现自己确实遇到了网络诈骗，于是他在父母的陪同下果断报了警，警方调查后抓获了犯罪嫌疑人。经审讯，该主播并不是第一次通过直播诈骗。为了获取利益，该主播经常通过直播平台添加粉丝为微信好友，以好友的名义骗取粉丝的信任后实施诈骗。

目前，网络在给人们生活带来巨大便利的同时，也给了不法分子可乘之机，各种网络诈骗层出不穷。我们通过网络与他人交流时，要注意甄别信息的真伪，不随意透露个人隐私。

请结合案例和自己的体会，思考以下问题。

（1）目前，网络交流的形式主要有哪些？

（2）网络交流应该注意哪些问题？

三、课堂测验

（一）选择题

1. ［多选］网络通信最典型的方式包括（　　）。

　　A. 电子邮件　　　　　　　　B. 即时通信

　　C. 面对面　　　　　　　　　D. 电话

2. ［单选］下面对电子邮件的说法，错误的是（　　）。

A. 电子邮件需要通过互联网才能实现信息的传送

B. 电子邮件具有高效、方便、快速等特点

C. 只有正确填写他人的电子邮件地址，才能成功向他人发送信息

D. 使用电子邮件只能发送文字和图像

3. ［单选］下面对电子邮件格式的表述，正确的是（　　）。

A. 123456@mail.com 　　　　B. 123456.com

C. 23456@ 　　　　D. 123456@@com.mail

4. ［多选］撰写电子邮件的过程中，会涉及以下哪些信息的填写？（　　）

A. 收件人 　　　　B. 主题和正文

C. 抄送和密送 　　　　D. 附件

5. ［多选］电子邮件附件的文件类型包括（　　）。

A. 文档　　　B. 视频　　　C. 音频　　　D. 图片

6. ［单选］以下不属于即时通信工具的是（　　）。

A. QQ 　　　　B. 微信

C. 钉钉 　　　　D. WPS Office

7. ［单选］个人更适合使用（　　）进行信息的推广。

A. 订阅号 　　　　B. 服务号

C. 企业号 　　　　D. 个人号

8. ［多选］微信公众号的类型包括（　　）。

A. 订阅号 　　　　B. 服务号

C. 企业号 　　　　D. 个人号

9. ［多选］在 QQ 中可以发布的内容有（　　）。

A. 文字　　　B. 图片　　　C. 表情　　　D. 表格

10. ［多选］微博内容的公开范围可以设置为（　　）。

A. 公开 　　　　B. 粉丝

C. 好友圈 　　　　D. 仅自己可见

11. ［单选］撰写电子邮件时，以下哪一项不是必需的？（　　）

A. 邮箱账号 　　　　B. 邮箱密码

C. 邮箱的空间大小 　　　　D. 接收邮件的服务器域名

（二）填空题

1. 电子邮件的英文名称是＿＿＿＿＿＿＿＿＿。

2. 电子邮件地址的格式使用＿＿＿＿＿＿＿＿作为分隔符。

3. ＿＿＿＿＿＿＿＿＿＿＿＿是指邮件的接收者，一般输入收信人的电子邮箱地址。

4. 在＿＿＿＿＿＿＿＿＿＿＿方式下，收件人能够看到发件人将该邮件抄送给的其他收件人。

5. 举出两个目前较知名的短视频平台：＿＿＿＿＿＿＿＿＿＿＿、＿＿＿＿＿＿＿＿＿＿＿。

6. 如果要通过短视频平台发布视频，需要先＿＿＿＿＿＿＿＿＿＿视频。

（三）判断题

1. 电子邮件的地址不是唯一的，每个人都可以修改自己的电子邮件地址。　　（　　　）

2. 抄送指同时将该邮件发送给其他人。　　（　　　）

3. 通过 QQ 的远程控制功能，可以控制他人的计算机。　　（　　　）

4. 在微博中发布的内容都是公开的，所有人都可以查看。　　（　　　）

5. 使用微信只能发布文本信息。　　（　　　）

6. QQ 不仅可以发送文本，还可以发送视频。　　（　　　）

（四）简答题

1. 电子邮件是什么？其格式是怎样的？

2. 撰写电子邮件时需要填写哪些内容？各内容的含义分别是什么？

3. 目前主流的即时通信工具有哪些？各工具有什么特点？

4. 微博是什么？有哪些功能？

5. 什么是远程操作？怎么通过 QQ 实现远程操作？

6. 发布网络信息需要遵循哪些基本规范？

（五）操作题

1. 请按照下列要求进行操作，体验 QQ 的相关功能。

（1）下载并安装 QQ，打开 QQ 交流界面，向老师发送一条问好信息。

（2）继续与老师进行交流，使用 QQ 发送表情、文件。

（3）向老师发起远程控制请求，请老师协助处理学习问题。

（4）进入 QQ 邮件界面，将 QQ 的操作总结后整理成文档，向老师发送该文档，并致谢。

2. 请按照下列要求进行操作，体验微信的相关功能。

（1）下载并安装微信，注册微信个人账号。

（2）添加同学为微信好友，并向好友发送信息进行交流。

（3）加入班级微信群，在微信群中进行学习与交流。

（4）使用微信传送文件。

（5）申请一个订阅号，发布一篇学习文章。

3. 请按照下列要求进行操作，体验微博的相关功能。

（1）下载并安装微博，注册微博账号。

（2）发布一条与最近节日相关的图文信息。

 ## 四、课后总结

请回顾本项目内容，对项目知识的学习情况进行总结。

1. 学习重难点

2. 学习疑问

3. 学习体会

项目 2.5 运用网络工具

一、学习目标

知识目标

◎ 掌握网盘工具的使用方法。
◎ 熟悉网络学习的类型和途径。
◎ 掌握多人协作的操作方法。

技能目标

◎ 能够使用百度网盘与他人进行信息资源的共享。
◎ 能够通过网络工具学习网课。
◎ 能够使用网络工具进行网络购物、订餐和订票等操作。

素养目标

◎ 培养分享、互助等美好品德。
◎ 提升数据传输的安全意识。
◎ 学会分析和总结，并能意识到提高工作效率的重要性。

二、学习案例

案例1 在线教育

在线教育是指利用信息技术进行教与学的一项活动，与传统教育相比具有效率高、方便、门槛低、教学资源丰富等特点。互联网的发展和智能手机的普及，推动了在线教育的发展，各种在线教育模式相继出现。

（1）教育机构自建在线教育平台。各大教育机构自建在线教育平台，借助机构自身的师资力量，通过各种技术手段打造在线学习系统。这种在线教育模式的课程较丰富，课程质量有一定的保障。

（2）互联网公司自建平台。借助在线教育的"东风"，各大互联网公司也看准时机，建立了一些在线教育平台。在这些平台上，只要符合平台要求的用户都能成为老师，他们能够借助平台分享知识和技能。这一模式较为开放，虽然内容丰富，但具有课程设置缺乏系统性和延续性、课程质量良莠不齐等缺点。

（3）互联网公司＋教育机构模式。该模式由互联网公司与教育机构共同建立，兼顾了互联网的开放性和教育机构的师资力量，能够保证内容的丰富性、课程的系统性，并给用户提供较好的体验。如网易公开课、腾讯学堂等，集结了大量师资力量，以录频和直播等形式进行在线教育，图 2-3 所示为网易公开课的首页。

图 2-3

请搜集在线教育的相关资料，思考以下问题。

（1）我国在线教育的发展呈现出什么样的趋势？

（2）在线教育用到了哪些互联网技术和工具？

（3）在线教育与传统的线下辅导相比，具有哪些优势？

案例 2　淘宝网在线购物

11 月 11 日是"双 11"购物节，小吴的购物车中放着多种学习用品，这些商品都是小吴在电商平台中早早看中的，就等着"双 11"的时候下单。像小吴一样等待着在"双 11"这天抢购的网民不在少数，可以说大多数的网购用户几乎都在翘首企盼这天的到来，早早地列好清单，转战各个电商平台，找到自己心仪的商品。

目前，在线购物已经成为人们主要的购物方式，人们可以通过电商平台（如淘宝网、京东商城、当当网等）购物，常见的在线购物流程如下。

（1）搜索和浏览商品。根据购物需求先搜索商品，搜索完成后电商平台将符合消费者搜索条件的商品展示在网页中，消费者浏览查看这些商品后，若有满足自己需求的商品，就将其加入购物车。

（2）购买商品。找到所需的商品后，将商品加入购物车并在购物车中进行结算，也可直接单击商品信息页面中的"立即购买"按钮进行购买。

（3）付款。确认收货信息后，进入支付页面，可以通过网上银行、信用卡、支付宝、微信等方式进行付款。

（4）收货和评价。消费者收到货物并确认无误后，返回网店中确认收货，同时可以对商品的质量、卖家的服务和物流服务等进行评价。

在购物过程中，消费者还能通过与商家的交流来获取商品的信息、解决购物过程中的问题，如购买一件衣服，不知道以自己的身高和体重应该选择多大的尺码，或者所购商品出现问题时退货、换货等相关事宜如何处理等。

与传统线下商店购物相比，线上购物依托互联网，具有更便捷、价格透明、实惠的特点，因此受到越来越多人的喜爱。

请浏览电商平台，思考以下问题。

（1）在线购物与传统线下购物有什么区别？

（2）在线购物属于互联网的哪一类具体应用？

三、课堂测验

（一）选择题

1. ［单选］下面关于云存储的说法，错误的是（　　　）。

    A. 云存储与 U 盘、移动硬盘等存储方式类似，都可以进行数据的存储

    B. 与一般存储方式不同的是，云存储不需要额外的存储设备

    C. 云存储可以实现在任何地方、任何环境下存储数据

    D. 云存储可以实现数据的同步更新

2. ［多选］常见的云存储服务商有（　　　）。

    A. 百度云　　　　　　　　　　B. 网易云

    C. 腾讯微云　　　　　　　　　D. 天翼云

3. ［单选］下面说法正确的是（　　　）。

    A. 通过网络搜索可以获取各种学习资料，但有些资料需要付费才能使用

B. 通过网校进行学习，必须付费购买课程

C. 面对面教学在目前的教学环境中已经不实用了

D. 通过互联网进行教学，叫作在线学习

4. ［单选］下面关于网上购物的说法中，正确的是（   ）。

A. 网上购物非常安全，没有任何风险

B. 通过网络可以购买全国各地的商品

C. 网上购物时，消费者支付货款后商家即可收到款项

D. 网上购买的商品不便于进行退换货

5. ［多选］下面关于网络应用的说法中，正确的有（   ）。

A. 网上求职的选择范围更大，且求职成本相对较低

B. 支付宝、微信钱包是较为常用的网上支付工具

C. 通过网络可以购买旅游景点的门票

D. 通过点餐软件可以足不出户获得美食

6. ［单选］下面关于百度网盘的说法中，正确的是（   ）。

A. 使用百度网盘可以进行英汉互译

B. 通过百度网盘可以上传和下载文件

C. 百度网盘是一款可以制作图片的工具

D. 不联网也可以使用百度网盘

7. ［多选］下面属于大学网络学习平台的有（   ）。

A. 腾讯公开课   B. 网易公开课

C. 新浪公开课   D. 中国大学 MOOC

8. ［单选］网上学习不需要（   ）。

A. 注册账号   B. 筛选课程

C. 学习资格   D. 报名

9. ［多选］网络公开课的形式有（   ）。

A. 录播   B. 直播   C. 回放   D. 试听

10. ［多选］以下能够实现文档在线编辑的工具有（   ）。

A. 飞书   B. 金山文档   C. 腾讯文档   D. 有道云笔记

（二）填空题

1. _____是指将计算机或移动终端上的文件信息存储到服务商提供的存储空间中。

2. 通过互联网实现校外教学的机构一般叫作_____。

3. 在线上和线下购买商品时，较为常用的移动设备是_____。

4. 若要保证使用百度网盘分享资料的安全性，可选择_____方式进行分享。

5. 百度网盘的链接分享需要设置_____。

6. 若要实现文件自动更新和备份到百度网盘中，需要在百度网盘中设置_____功能。

7. _____可以实现多人共同编辑某个文档的操作。

8. 使用具备云协作功能的在线编辑工具时，需要创建_____。

（三）判断题

1. 大多数年轻人更喜欢通过网络求职，可以避免来回奔走的麻烦。　　　　（　　　）

2. 通过网络可以实现在线支付。　　　　（　　　）

3. 使用云盘存储数据不会有任何危险。　　　　（　　　）

4. 百度网盘可以实现信息的上传、下载、分享和管理。　　　　（　　　）

5. 要通过百度网盘分享资源，必须先添加好友。　　　　（　　　）

6. 通过 QQ 可以将文件从计算机传输到手机上。　　　　（　　　）

7. 使用百度网盘分享的资源一直有效，可以在任何时间访问。　　　　（　　　）

8. 云协作的方式比较单一，必须有一个人来管理控制。　　　　（　　　）

9. 他人若需要使用在线编辑工具编辑文档，需要发送编辑请求。　　　　（　　　）

（四）简答题

1. 云存储与传统存储方式相比具有哪些优势？

2. 网络学习的方式主要有哪些？

3. 网络改变了人们的哪些生活习惯？

（五）操作题

1. 按照如下要求进行百度网盘的相关操作。

（1）登录百度网盘，在百度网盘中新建一个"学习资料"文件夹。

（2）将计算机中的学习资料上传到新建的"学习资料"文件夹中。

（3）将上传的学习资料分享给他人，设置分享方式为"有提取码"、访问人数为"10人"、有效期为"7天"。

（4）在百度网盘中设置同步功能，为学习资料所在文件夹进行同步更新设置。

2．按照下列要求进行在线学习。

（1）进入中国大学MOOC网站，选择"文史哲法""文学文化"类课程，选择一个主题进行课程的观看和学习。

（2）在网易公开课中观看一场直播课程。

（3）在腾讯课堂中观看一节免费的前沿技术类课程。

3．按照下列要求进行在线文档编辑。

（1）登录腾讯文档，新建一个在线"学习计划"表格，并填写表格内容。

（2）将"学习计划"表格分享给老师，邀请老师查看并修订计划。

4．在网络中进行如下操作，体验网络对生活的影响。

（1）通过外卖平台下单一份午餐。

（2）通过携程网查看旅游攻略，并选择一个目的地进行旅行规划。

（3）通过京东商城浏览学习用品，并尝试购买该类商品。

 四、课后总结

请回顾本项目内容，对项目知识的学习情况进行总结。

1. 学习重难点

2. 学习疑问

3. 学习体会

项目 2.6　了解物联网

一、学习目标

知识目标

◎ 熟悉物联网的含义及技术的发展过程。
◎ 了解智慧城市的概念。
◎ 了解典型的物联网系统及实际应用方法。
◎ 掌握物联网常见设备及软件的配置方法。

技能目标

◎ 能够清楚地说明物联网技术的发展过程。
◎ 能够举例说明物联网和智慧城市的典型应用。
◎ 能够清楚地说明物联网设备的应用和配置方法。

素养目标

◎ 了解物联网对社会发展的影响,明确社会责任担当。
◎ 培养勤于实践、勇于创新的意识。
◎ 厚植爱国主义情怀,增强科技自信和民族自信。

二、学习案例

案例 1　共享单车

　　物联网的广泛应用带动了传统行业的发展与变革,共享单车就是物联网的一项典型应用。单车本身不具备感知系统,但通过开发智能车锁,在智能车锁中应用定位系统、二维码等技术,并与智能手机中的 App 连通,获得反馈结果后再传递给智能车锁,即可实现单车的共享使用。共享单车需要结合手机 App 进行操作,其使用过程如下。

（1）在手机上下载并安装共享单车 App，注册并登录账号后，点击 App 首页的"骑车"图标。

（2）进入单车界面，点击界面底部的"扫码用车"按钮。

（3）打开扫码界面，使用移动手机将扫描框对准单车智能车锁上的二维码，扫描二维码。或者在扫码界面中点击"输入车辆编号"图标，在打开的界面中输入该单车车头上的编码。

（4）打开确认开锁界面，点击"确认开锁"按钮。车锁打开后即可骑行，骑行结束后关闭车锁，此时手机将收到骑行结束的信息通知。然后返回共享单车 App 中的骑车界面，点击界面下方的"支付"按钮支付本次骑行的费用。

请搜集共享单车的相关资料，思考以下问题。

（1）共享单车的使用涉及哪些物联网技术？

（2）共享单车的管理比较复杂，目前主要通过智慧化监管来管理，这主要也是依托物联网技术来实现的，请谈谈你对智慧化监管共享单车的看法。

案例2　天猫无人超市

天猫无人超市是阿里巴巴新型零售商业模式之一，一经上线就广受好评。用户纷纷感叹这个超市太高科技了！用户通过"刷脸"进入天猫无人超市，进入后可自助购物；结账时，天猫无人超市会根据用户的表情给予不同的折扣，若用户面带笑容，且笑容越明显，折扣幅度就越大；支付时用户也不需要刷卡或支付现金，只需直接"刷脸"就能将商品带回家。

由此可见，天猫无人超市应用了不少新技术，大大提升了用户的购物体验。首先，在图像识别技术的支持下，天猫无人超市能够快速识别用户的面部特征，进而完成身份审核，实现"刷脸进店"；其次，物品识别和追踪技术及用户行为识别技术可以让天猫无人超市预先判断用户的结算意图，在用户购物结束时还能通过智能闸门实现无感支付。

天猫无人超市打通了线上和线下，实现了线上数据系统和线下购物系统的深度融合，例如，电子价签能让线上线下价格同步更新，保证同款商品同价。同时，不同用户的不同表情对应不同折扣的创意，也为用户带来了一种全新的个性化消费体验。

请搜集无人超市的相关资料，思考以下问题。

（1）天猫无人超市与传统超市的区别有哪些？

（2）天猫无人超市是怎样提升用户支付体验的？

（3）天猫无人超市应用了哪些物联网技术？

（4）无人超市的出现与应用，体现了我国物联网技术的哪些发展趋势？

三、课堂测验

（一）选择题

1. ［单选］在物联网中，人们可以通过应用（　　　）将真实的物品与网络连接起来。

   A. 自动跟踪 　　　　　　　　　　　B. 电子标签

   C. 智能识别 　　　　　　　　　　　D. 智能定位

2. ［多选］RFID标签的优点包括（　　　）。

   A. 抗干扰性强 　　　　　　　　　　B. 数据容量大

   C. 安全性高 　　　　　　　　　　　D. 识别速度快

3. ［单选］智能手机的指纹识别功能应用了（　　　）技术。

   A. RFID 　　　　　　　　　　　　　B. 云计算

   C. 传感器 　　　　　　　　　　　　D. 人工智能

4. ［多选］智慧城市是未来的发展方向，其功能体系主要包括（　　　）。

   A. 社会治理 　　　　　　　　　　　B. 市民服务

   C. 产业经济 　　　　　　　　　　　D. 城市管理

5. ［单选］共享单车是物联网在（　　　）领域的应用。

   A. 物流 　　　　　　　　　　　　　B. 交通

   C. 医疗 　　　　　　　　　　　　　D. 零售

6. ［单选］分拣机器人是物联网在（　　　）领域的应用。

   A. 物流 　　　　　　　　　　　　　B. 家居

   C. 交通 　　　　　　　　　　　　　D. 医疗

7. ［单选］智能零售主要应用了（　　　）设备和技术。

   A. 二维码 　　　　　　　　　　　　B. 传感器

   C. 扫描仪 　　　　　　　　　　　　D. 以上选项皆是

8. ［单选］电子不停车收费系统的英文简称是（　　　）。

   A. ETC 　　　　　　　　　　　　　 B. IC

   C. UI 　　　　　　　　　　　　　　D. RFID

9. ［单选］智能手环最重要的硬件设备是（　　　）。

   A. 重力加速度传感器 　　　　　　　B. 应答器

   C. 非接触式集成电路 　　　　　　　D. 传感器

10. ［多选］智能家居系统可以实现的功能包括（　　　）。

    A. 防火防盗 　　　　　　　　　　　B. 自动报警

    C. 自动控制开关 　　　　　　　　　D. 多媒体应用控制

（二）填空题

1. 被称为"万物相连的互联网"指的是_____。

2. _____技术能够通过无线电信号识别特定目标并读写相关数据。

3. 无法通过一般的软件获取、管理和处理的海量信息叫作_____。

4. _____是指利用包括物联网在内的各种信息技术，尽可能地优化配置城市资源，提升资源运用的效率，优化城市管理和服务，促进城市的发展。

5. 第二代身份证内置了_____芯片，可以存储个人的基本信息。

6. 泛在物联网和人工智能相互渗透和依存，两者应用技术深度融合后的产物是_____。

（三）判断题

1. 物联网就是互联网。　　　　　　　　　　　　　　　　　　　　（　　）

2. 云计算技术是物联网的"大脑"，主要负责处理大数据提供的信息。　（　　）

3. RFID 技术是一种通信技术，被广泛应用于仓储物流、信息追踪、医疗等领域。
　　　　　　　　　　　　　　　　　　　　　　　　　　　　　　　（　　）

4. 智慧交通可以改善交通运输环境，保障交通安全。　　　　　　　　（　　）

5. 远程医疗主要依靠大数据技术做支撑。　　　　　　　　　　　　　（　　）

6. 个人佩戴了智能手环，可以记录个人的锻炼、睡眠等数据。　　　　（　　）

7. 无人驾驶采用了物联网技术，通过智能设备感知驾驶情况，可以保证行驶的安全，目前已经被广泛应用。　　　　　　　　　　　　　　　　　　　　　　　（　　）

8. 物联网的目标是实现在任何时间、任何地点，人、机、物的互联互通。　（　　）

（四）简答题

1. 人工智能、物联网、大数据和云计算有着怎样的关系？请绘制出它们的关系图。

2. 请简述智慧农业的工作原理。

3. 请简述智慧城市的体系结构。

4. 什么是智慧物流？其主要环节有哪些？

5. 什么是智慧交通？请给出一项具体应用。

（五）操作题

1. 按下列要求操作线上超市，体验智慧零售的应用。

（1）下载并安装一款外卖软件，搜索线上超市。

（2）进入线上超市，分类浏览超市中的商品。

（3）将商品加入购物车，结算并支付订单。

2. 按下列要求操作美团单车，体验物联网技术的应用。

（1）下载并安装美团 App，然后注册并登录账号。

（2）扫描美团单车上的二维码开锁，并骑行 3 千米。

（3）骑行结束后关闭车锁并进行结算。

3. 按下列要求在手机中进行操作，体验智慧医疗。

（1）下载一款医疗 App，注册并登录账号。

（2）在线咨询医生与健康相关的信息，然后预约一项身体检查。

四、课后总结

请回顾本项目内容，对项目知识的学习情况进行总结。

1. 学习重难点

2. 学习疑问

3. 学习体会

模块3

图文编辑
——制作极具创意的精美文档

项目 3.1　操作图文编辑软件

一、学习目标

知识目标

◎ 了解常用的图文编辑软件和工具。
◎ 掌握新建、保存、打开和打印文档的方法。
◎ 掌握查询、校对、修订和批注文档内容的方法。
◎ 掌握加密保护文档的方法。

技能目标

◎ 能够正确运用图文编辑软件和工具。
◎ 能够根据编辑需求新建、保存、打开和打印文档。
◎ 能够查询、校对、修订和批注文档内容。
◎ 能够对文档进行加密保护。

素养目标

◎ 培养学习的主动性和积极性。
◎ 提高计算机软件操作技能。
◎ 培养信息技术素养，提升自动化办公能力。

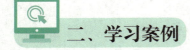

二、学习案例

案例1　WPS Office 的诞生与发展

金山软件股份有限公司的创始人求伯君，有"中国第一程序员"之称，1989年9月，成功开发出 WPS 1.0，填补了我国文字处理软件的空白。短短1年后，WPS 就几乎成了我国计算机的标配软件，并迅速积累了约2000万用户。而那个时候，拥有个人计算机的家庭还非常少。

1992年，微软公司进入我国，抢走了 WPS 大部分的市场，WPS 遭受了沉重的打击。为了挽回颓势，求伯君开发出了一套类似于 Office 套件的产品，取名为盘古组件。遗憾的是，盘古组件的市场表现并不好。当时，微软公司开出75万美元的年薪，向求伯君抛出橄榄枝，然而求伯君却拒绝了，他卖掉了自己的别墅，和雷军一起，带着只有十几个人的核心团队坚持自主研发，1997年，推出了 WPS 97，与微软公司的 Office 相抗衡。

2001年，我国正式加入 WTO，政府大规模采购正版软件，WPS 仅在北京就售出上万套。2002年，求伯君忽然把 WPS 所有的代码都推倒重写，直到2005年，WPS 的最新版本 WPS Office 被推出，以新的面目再次站在对手面前，并再一次赢得了生存空间。2011年，在移动互联网浪潮席卷而来之际，坚持自主研发的 WPS Office 在全球范围内率先发布移动端产品，实现了我国国产软件的"弯道超车"。

这些年，WPS Office 更新版本已超过1万个，软件代码超过30亿行。根据金山办公发布的财报显示，截至2023年9月30日，金山办公的主要产品月度活跃设备数为5.89亿，同比增长1.90%；其中，WPS Office PC 版月度活跃设备数2.59亿，移动版月度活跃设备数3.27亿。WPS Office 移动版覆盖超过220个国家和地区，在谷歌公司和苹果公司的办公软件应用商店中排名前列，向全球输出着"中国创新"。

请思考以下问题。

（1）你使用过 WPS Office 吗？若使用过，你喜欢它的哪些功能？

（2）WPS Office 作为办公软件，其最主要的作用是什么？

（3）如果你需要编辑一篇文档，你是喜欢使用记事本、写字板，还是喜欢使用 WPS Office？为什么？

（4）WPS Office 的发展带给你什么启发？

案例2　生活中的图文编辑

在日常的学习和生活中，图文编辑软件的使用往往十分频繁。学生用它写文章、写故事，职场人士用它写方案、写计划……可以说，图文编辑软件随处可见，它们的功能也不简单。小文用 InDesign 排版文章，搭配图片、形状并设置文章样式，让文档像杂志一样精美。小豪用 WPS 文字制作班级海报，图文搭配和谐，画面既专业又美观。小悦用 WPS 表格帮助老师制作值日表，表格效果整齐美观。

现如今，图文编辑软件的应用成为很多行业从业者必备的基本技能之一，并且随着 AI 技术的发展，图文编辑软件与 AI 结合也在不断更新图文编辑软件的功能，提高内容生产力。例如，WPS AI 就是金山办公推出的基于大语言模型下的生成式人工智能应用。WPS AI 将大模型能力嵌入其关键四大组件：表格、文字、演示、PDF，并同时支持 PC 端和移动端设备使用。WPS AI 生成的内容可以直接嵌入文档正文，从而帮助用户提高内容创作效率。

请思考以下问题。

（1）你使用过哪些图文编辑软件？你主要使用图文编辑软件制作什么？

（2）你使用最熟练的图文编辑软件是什么？它的主要功能是什么？

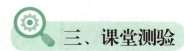

三、课堂测验

（一）选择题

1. ［单选］（   ）是一项集文字编辑、图片绘制与处理，以及图文编排、美化为一体的复杂工作。

    A. 图表编辑   B. 图文编辑   C. 图像美化   D. 文字可视化

2. ［多选］下列选项中，属于图文编辑操作的有（   ）。

    A. 文本格式设置   B. 图形绘制

    C. 图文编排   D. 多媒体应用

3. ［多选］图文编辑软件和工具可以对（   ）等信息进行加工。

    A. 文字   B. 图片

    C. 影音、动画文件   D. 形状

4. ［单选］下列选项中，分别属于文字处理软件和文字排版软件的是（   ）。

    A. Word、WPS Office   B. InDesign、WPS Office

    C. InDesign、方正飞翔   D. WPS Office、InDesign

5. ［多选］WPS Office 是一款功能强大的软件，具备（   ）等功能。

    A. 文本输入与编辑   B. 图文混排

    C. 审阅   D. 文档打印

6. ［多选］WPS Office 是一款功能十分全面的办公软件，具备（   ）等功能。

    A. 文字编辑   B. 表格编辑

    C. 演示   D. PDF 阅读

7. ［多选］WPS Office 作为常用的办公软件之一，具有（   ）等特点。

    A. 内存占用低   B. 运行速度快

    C. 云功能丰富   D. 插件丰富

    E. 模板资源庞大且免费

8.　［单选］（　　　）是 Adobe 公司推出的用于各种印刷品排版编辑的软件。

　　A．Word　　　　　　　　　　B．WPS Office

　　C．InDesign　　　　　　　　D．Photoshop

9.　［多选］方正飞翔集图像、文字、公式和表格排版于一体，提供（　　　）等功能。

　　A．图文混排　　　　　　　　B．影音编辑

　　C．印刷样式控制　　　　　　D．图形与图像设计制作

10.　［单选］Windows 10 自带的画图工具不仅能创建简单的二维图形，还能（　　　）。

　　A．对图形进行缩放、裁剪、旋转等基本操作

　　B．对文本进行图形化、图像化等操作

　　C．编辑简单的影音素材文件

　　D．进行简单的文字排版和预览

11.　［多选］下列选项中，可以新建 WPS 文档的操作是（　　　）。

　　A．启动 WPS Office，在打开的窗口中单击"新建"按钮

　　B．双击某个已有的 WPS 文档

　　C．在桌面右击，在弹出的快捷菜单中选择"新建"命令

　　D．启动 WPS Office，在打开的窗口中单击"打开"按钮

12.　［单选］WPS 文字的（　　　）中显示了一些常用的工具按钮。

　　A．快速访问工具栏　　　　　B．标题栏

　　C．文档编辑区　　　　　　　D．命令区

13.　［单选］WPS 文字中的（　　　）主要用于执行文档的新建、打开、保存、共享等操作。

　　A．标题栏　　　　　　　　　B．"文件"菜单

　　C．快速访问工具栏　　　　　D．状态栏

14.　［单选］在 WPS 文字的（　　　）选项卡中，可控制标尺是否出现在界面中。

　　A．开始　　　　　　　　　　B．视图

　　C．页面　　　　　　　　　　D．显示

15.　［单选］WPS 文字中用于输入与编辑文档内容的区域叫作（　　　）。

　　A．状态栏　　　　　　　　　B．文档编辑区

　　C．导航栏　　　　　　　　　D．命令区

16.　［多选］在 WPS 文字中输入文本时，常见的操作包括（　　　）。

　　A．单击　　　　　　　　　　B．修改

　　C．删除　　　　　　　　　　D．换行

17.　［单选］在 WPS 文字中，不能实现保存文档的操作是（　　　）。

　　A．选择"文件"/"保存"命令

B. 单击快速访问工具栏中的"保存"按钮

C. 按【Ctrl+S】组合键

D. 按【Ctrl+N】组合键

18. ［单选］在打印文档时，应该先预览打印效果，并设置（   ），最后再进行打印。

A. 打印范围   B. 打印参数

C. 打印份数   D. 打印方式

19. ［多选］文档的信息操作主要涉及（   ）等。

A. 查询信息   B. 校对信息

C. 修订信息   D. 批注信息

20. ［单选］小林想要在 WPS 文字中查找"会议"这个词语，他可以（   ）。

A. 单击"查找替换"按钮，打开"查找和替换"对话框，在搜索框中输入"会议"

B. 单击"选择"按钮，打开"查找和替换"对话框，在搜索框中输入"会议"

C. 按【Ctrl+O】组合键，打开"查找和替换"对话框，在搜索框中输入"会议"

D. 按【Ctrl+G】组合键，打开"查找和替换"对话框，在搜索框中输入"会议"

21. ［单选］小林收到了一个审阅过的文档，他想同意其中的修订建议，他可以选择需要同意修订的内容，然后在（   ）选项卡中单击"接受"按钮，接受对文档所做的修订。

A. 批注   B. 修订   C. 比较   D. 审阅

22. ［单选］选择文本或段落后，按（   ）组合键可剪切对象，按（   ）组合键可复制对象，单击将插入点定位到目标位置，按（   ）组合键能快速实现对象的移动或复制操作。

A.【Ctrl+V】【Ctrl+X】【Ctrl+C】

B.【Ctrl+X】【Ctrl+R】【Ctrl+V】

C.【Ctrl+C】【Ctrl+V】【Ctrl+X】

D.【Ctrl+X】【Ctrl+C】【Ctrl+V】

23. ［单选］下列（   ）等元素，决定了文档的整体布局。

A. 纸张大小、纸张方向、纸张颜色、字体格式、段落样式、背景、边框

B. 字体样式、字体大小、文本对齐方式、文本颜色

C. 纸张大小、纸张方向、页边距、文字方向、分栏、页面边框和背景

D. 纸张大小、纸张方向、纸张颜色、字体格式、段落样式

24. ［单选］封面、目录、各级别标题、正文、图形图像、脚注与尾注、页眉与页脚等各种与纸质文档相似的内容，统称文档内容，决定了（   ）。

A. 文档的整体布局   B. 文档的呈现方式

C. 文档的局部美观   D. 文档的表现形式

25.［单选］字体、字号、字符间距、对齐方式、缩进距离等可称作（　　），这些元素主要用于设置文本格式、段落格式等。

A. 文档格式　　　　　　　　　　　B. 页面布局

C. 文档内容　　　　　　　　　　　D. 页面美化

（二）填空题

1. ＿＿＿＿＿＿＿＿＿＿工具可以为图文编辑提供创意。

2. ＿＿＿＿＿＿＿＿＿＿是由我国金山公司自主研发的一款办公软件，主要用于编辑文档、制作表格、制作演示文稿和浏览 PDF 文档等。

3. ＿＿＿＿＿＿＿＿＿＿是 WPS Office 办公软件中的一个功能模块，可用于输入和编辑文字。

4. ＿＿＿＿＿＿＿＿＿＿具有功能强大、使用灵活等特点，是报纸、杂志等出版物编辑的常用软件。

5. ＿＿＿＿＿＿＿＿＿＿是北大方正公司出品的一款多形态出版编排设计软件。

6. 文档的基本操作主要涉及＿＿＿＿＿＿＿＿＿、＿＿＿＿＿＿＿＿、保存、打印等内容。

7. WPS 文字的标题栏主要用于显示文档名称和＿＿＿＿＿＿＿＿＿。

8. WPS 文字的＿＿＿＿＿＿＿＿＿用于放置常用的操作按钮，如保存、输出为 PDF、打印、打印预览、撤销和恢复等。

9. ＿＿＿＿＿＿＿＿＿中将显示当前页数、字数、输入状态等。

10. 文档编辑区中的不停闪烁的短竖线称为＿＿＿＿＿＿＿＿＿，用于定位文本输入或图片插入的位置。

11. 输入一段文本后，按＿＿＿＿＿＿＿＿键可执行换行操作，在新的段落中输入文本。

12. 第一次保存文档时，需要设置文档的保存路径和＿＿＿＿＿＿＿＿＿。

13. 若要关闭已打开的文档，可单击文档界面右上角的＿＿＿＿＿＿＿＿＿按钮。

14. 进入＿＿＿＿＿＿＿＿＿状态后，可以直接在文档中进行修改，以便他人使用该文档时了解哪些位置进行了修改。

15. 在为 WPS 文档设置了保护密码后，如果要取消文档的加密状态，只需按相同的方法进行操作，在"文档加密"对话框中＿＿＿＿＿＿＿＿＿。

（三）判断题

1. 熟练运用图文编辑软件和工具，可以提升图文编辑效率。　　　　　　（　　）

2. WPS 文字主要用于各种文档的排版和美化，较少用于文字处理。　　　（　　）

3. WPS 文字中控制窗口大小的按钮，从左至右其功能分别为最大化、最小化和关闭窗口。　　　　　　　　　　　　　　　　　　　　　　　　　　　　　（　　）

4. 快速访问工具栏中的按钮可以根据需要添加或删除。　　　　　　　　（　　）

5. WPS 文字将各种设置和按钮集成在多个功能选项卡中，通过功能区可以对文档的内容进行编辑。 （　　）

6. 在 WPS 文字的智能搜索框中输入"目录"，WPS 文字便会自动显示与目录相关的选项。 （　　）

7. "文件"菜单主要用于定位文档内容。 （　　）

8. 选中错误的文本，按【Delete】键可将其删除。 （　　）

9. 在 WPS 文字中输入文本后，如果个别文本输入错误，应该删除所有文本，重新进行输入。 （　　）

10. 无论使用什么方法，第一次保存文档时，都会显示"另存为"界面。 （　　）

11. 在计算机上单击已有的 WPS 文档，可启动并打开该文档。 （　　）

12. 在文档打印页面可以预览文档的打印效果。 （　　）

13. 在 WPS 文字中完成文本的查找后，单击搜索框右下方的"查找上一处"按钮和"查找下一处"按钮，可在文档中快速定位到所查找的文本的位置。 （　　）

14. 在对文档内容进行拼写检查后，有错误的内容左侧将显示一条竖线。 （　　）

15. 利用信息技术设备编辑电子文档时，设计和排版应当主要考虑其页面布局、文档内容和文档格式等元素。 （　　）

16. 在 WPS 文字中右击选中的文本或段落，在弹出的快捷菜单中选择"剪切"或"复制"命令，可以实现文本或段落的移动或复制操作。 （　　）

（四）简答题

1. 常用的图文编辑软件和工具有哪些？它们分别有什么作用？

2. 小周想写一篇读书笔记，他可以选择哪一款或哪几款图文编辑软件？为什么？

3. 2020 年 12 月，教育部考试中心宣布将新增计算机考试科目，正式把国产办公软件——WPS Office 的高级应用与设计作为全国计算机等级考试（NCRE）的二级考试科目之一。在此之前，计算机二级考试的办公软件部分的考试内容都是以 Microsoft Office 为主要考试内容。你认为这次调整意味着什么？

4. WPS 文字的操作界面主要由哪几个部分组成？每个部分的作用是什么？

5. 在 WPS 文字中，可以通过哪些方法新建文档？试着列举两种新建文档的方法。

6. 在 WPS 文字中，可以通过哪些方法保存文档？试着列举两种保存文档的方法。

7. 请简述修订文档的方法。

（五）操作题

1. 新建文档，通过"文件中的文字"命令将素材中的内容插入文档中，并将文档导出为 PDF 文件（配套资源:\效果文件\模块 3\我国传统节日 .wps、我国传统节日 .pdf）。

（1）启动 WPS Office，新建空白文档，将文档保存为"我国传统节日 .wps"。

（2）通过"文件中的文字"命令将"传统节日""节日习俗"中的内容导入对应的文档（配套资源:\素材文件\模块 3\传统节日 .wps、节日习俗 .wps）中。

（3）保存文档，并将文档导出为 PDF 文件。

2. 按下列要求制作"接待管理规范"文档（配套资源:\效果文件\模块 3\接待管理规范 .wps），部分效果如图 3-1 所示。

（1）将文档标题设置为"接待管理规范"，将规范的具体内容划分为目的、范围、职责、计划与准备、接待流程、接待礼仪、注意事项和信息反馈 8 个部分。

（2）输入各部分的规范内容，内容参考“接待管理规范素材”文档（配套资源 :\ 素材文件 \ 模块 3\ 接待管理规范素材 .wps）。

（3）将标题段落的格式设置为“黑体、三号、居中”。

（4）将正文各段落的格式设置为“华文仿宋、五号、首行缩进 2 字符、1.15 倍行距”。

（5）将含有“一、二、三、……”编号的段落文字加粗，然后将字体设置为“方正楷体简体”。

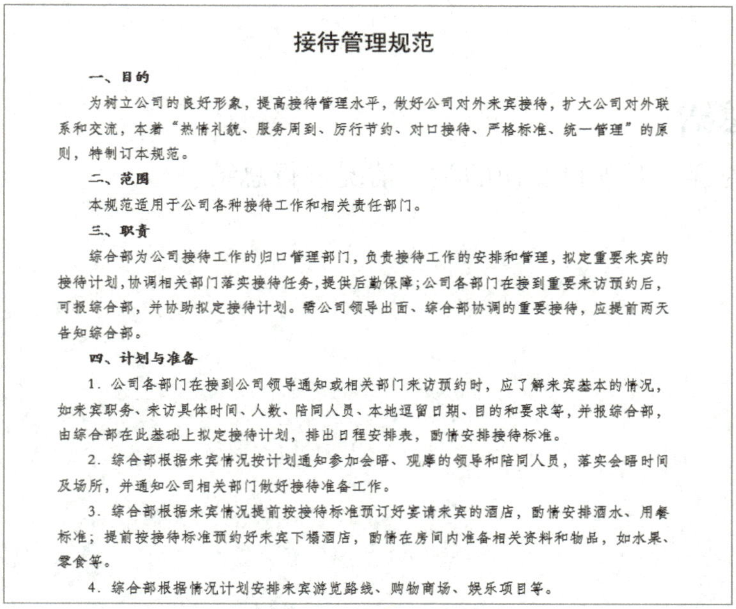

接待管理规范

一、目的

为树立公司的良好形象，提高接待管理水平，做好公司对外来宾接待，扩大公司对外联系和交流，本着“热情礼貌、服务周到、厉行节约、对口接待、严格标准、统一管理”的原则，特制订本规范。

二、范围

本规范适用于公司各种接待工作和相关责任部门。

三、职责

综合部为公司接待工作的归口管理部门，负责接待工作的安排和管理，拟定重要来宾的接待计划，协调相关部门落实接待任务，提供后勤保障；公司各部门在接到重要来访预约后，可报综合部，并协助拟定接待计划。需公司领导出面、综合部协调的重要接待，应提前两天告知综合部。

四、计划与准备

1. 公司各部门在接到公司领导通知或相关部门来访预约时，应了解来宾基本的情况，如来宾职务、来访具体时间、人数、陪同人员、本地逗留日期、目的和要求等，并报综合部，由综合部在此基础上拟定接待计划，排出日程安排表，酌情安排接待标准。

2. 综合部根据来宾情况按计划通知参加会晤、观摩的领导和陪同人员，落实会晤时间及场所，并通知公司相关部门做好接待准备工作。

3. 综合部根据来宾情况提前按接待标准预订好宴请来宾的酒店，酌情安排酒水、用餐标准；提前按接待标准预约好来宾下榻酒店，酌情在房间内准备相关资料和物品，如水果、零食等。

4. 综合部根据情况计划安排来宾游览路线、购物商场、娱乐项目等。

图 3-1

3. 按下列要求制作“公司工作简报”文档（配套资源 :\ 效果文件 \ 模块 3\ 公司工作简报 .wps），部分效果如图 3-2 所示。

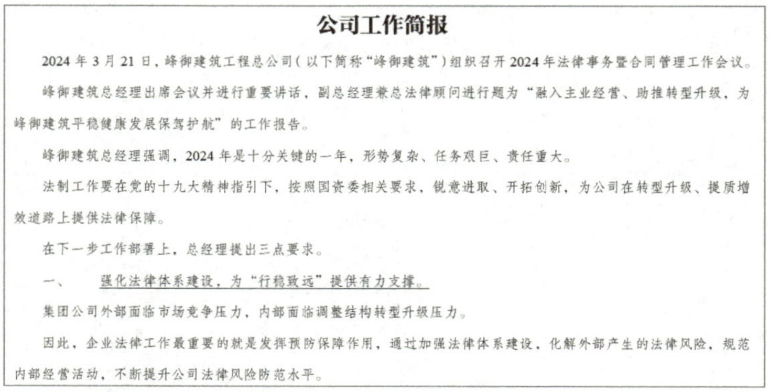

公司工作简报

2024 年 3 月 21 日，峰御建筑工程总公司（以下简称“峰御建筑”）组织召开 2024 年法律事务暨合同管理工作会议。

峰御建筑总经理出席会议并进行重要讲话，副总经理兼总法律顾问进行题为“融入主业经营、助推转型升级，为峰御建筑平稳健康发展保驾护航”的工作报告。

峰御建筑总经理强调，2024 年是十分关键的一年，形势复杂、任务艰巨、责任重大。

法制工作要在党的十九大精神指引下，按照国资委相关要求，锐意进取、开拓创新，为公司在转型升级、提质增效道路上提供法律保障。

在下一步工作部署上，总经理提出三点要求。

一、　强化法律体系建设，为“行稳致远”提供有力支撑。

集团公司外部面临市场竞争压力，内部面临调整结构转型升级压力。

因此，企业法律工作最重要的就是发挥预防保障作用，通过加强法律体系建设，化解外部产生的法律风险，规范内部经营活动，不断提升公司法律风险防范水平。

图 3-2

（1）创建文档并输入简报内容，内容参考“简报素材”文档（配套资源 :\ 素材文件 \ 模块 3\ 简报素材 .wps）。

（2）将标题段落的格式设置为“方正粗雅宋简体、三号、居中对齐”。

（3）将所有正文段落的格式设置为"中文字体—方正仿宋简体、西文字体—Times New Roman、首行缩进 2 字符、1.5 倍行距"。

（4）利用"编号"按钮，为"强化法律体系建设……"段落、"提升法律管理水平……"段落和"加强法律管理创新……"段落添加样式为"一、二、三、……"的编号。

（5）为上述 3 个段落添加"下画线"效果。

（6）将页面左右页边距均设置为"1 厘米"，使所有文档内容显示在一个页面中。

（7）为文档添加密码保护，设置密码为"123456"。

 四、课后总结

请回顾本项目内容，对项目知识的学习情况进行总结。

1. 学习重难点

2. 学习疑问

3. 学习体会

项目 3.2　设置文本格式

一、学习目标

知识目标

◎ 掌握设置文本格式的方法。
◎ 掌握设置段落格式的方法。
◎ 掌握设置项目符号和编号、边框和底纹的方法。
◎ 掌握设置页面格式的方法。
◎ 掌握样式的使用方法。

技能目标

◎ 能够根据需要编辑文档中的文本和段落。
◎ 能够通过项目符号、编号等设置文档中不同内容的级别。
◎ 能够运用边框、底纹、页面格式等美化文档。
◎ 能够运用样式提升文档编辑效率。

素养目标

◎ 提高办公软件操作能力，巩固专业技能。
◎ 培养专业意识，从而制作出有态度、有内容的文档。

二、学习案例

　　小洁所在的班级有一个 QQ 群，老师有时会在群里上传一些学习资料供学生下载学习，有时会上传共享文档，分享一些有趣、有价值、有意义的文章片段。有些同学还会在这些文章片段下进行补充，写一些个人感悟。

　　小洁觉得这个功能很有意思，她作为班长，也想分享一些对同学有帮助的信息，便询问老师如何操作。老师告诉她，共享文档的编写与 WPS 文档的编写十分类似，如果掌握了 WPS 文档的编辑方法，就能编写好共享文档。

老师说，现在很多企业都将能够熟练操作 WPS Office 作为员工必须掌握的基本技能，同学们虽然还未正式进入职场，但提前掌握这项技能是十分必要的。老师还说，截至 2023 年 6 月，我国线上办公用户规模达 5.07 亿人，占网民整体的 47.1%。在这个 5G 网络、大数据、人工智能等新兴技术不断加速发展的时代，办公领域对行业从业者的要求也在不断提高。因此同学们应该正确看待时代的发展，在掌握 WPS Office 操作技能的同时，顺应在线办公等趋势，提升自己的办公能力和素质，为今后的人生谋求更好的发展。

请思考以下问题。

（1）WPS Office 办公软件在哪些行业和领域比较常用？

（2）什么是在线办公？

（3）假设你即将步入职场，在参加面试时，如果面试官问"你对 WPS Office 等办公软件熟悉吗？举例说说你能用这些办公软件做什么？"你会如何回答？

三、课堂测验

（一）选择题

1. ［单选］WPS 文字的页面可分为（　　）两个区域。

    A. 文本区域和页边区域　　　　　　　B. 页眉区域和页脚区域

    C. 文档区域和页边区域　　　　　　　D. 编辑区域和非编辑区域

2. ［单选］在 WPS 文字中进行页面设置时，可在（　　）选项卡中设置相应的参数。

    A. 页面　　　　　　　　　　　　　　B. 开始

    C. 插入　　　　　　　　　　　　　　D. 视图

3. ［单选］WPS 文字中的页面设置，包括对（　　）等进行设置。

    A. 文字方向、页边距、纸张方向、纸张大小、分栏

    B. 缩进、间距、排列、位置、对齐方式、环绕

    C. 缩进、间距、位置、页边距、纸张方向、纸张大小

    D. 缩进、间距、文字方向、页边距、纸张方向、纸张大小

4. ［单选］在"页面设置"对话框中，通过"页边距"选项卡可以设置（　　）。

    A. 文档中各行文本的行距和字符间距等

    B. 文档上下左右的页边距、纸张方向等

    C. 文档的左右页边距、纸张来源等

    D. 文档中各行文本的行距、字符间距、纸张大小等

5. ［单选］在"页面设置"对话框中，通过（　　）选项卡可选择预设的纸张大小，自定义页面的宽度和高度。

    A. 页面　　　　　B. 纸张　　　　　C. 页边距　　　　　D. 设置

6. ［单选］在文档中插入分节符后，可通过"页面设置"对话框中的（　　　）选项卡设置节的起始位置。

　　A. 版式　　　　　　B. 纸张　　　　　　C. 边距　　　　　　D. 段落

7. ［单选］在"页面设置"对话框中，可通过"文档网格"选项卡设置（　　　）。

　　A. 文字排列方向、文档边距、纸张大小、纸张方向

　　B. 缩进、间距、位置、环绕方式、行网格和字符网格

　　C. 文字排列方向、行网格和字符网格、每行的字符数和每页的行数

　　D. 文档边距、纸张大小、纸张方向、行网格和字符网格

8. ［单选］页眉和页脚区域可以显示文档的其他重要辅助信息，如（　　　）。

　　A. 文件名、制作人、图片、主题等

　　B. 文件名、制作单位或制作人、页码等

　　C. 文件名、项目符号、编号、批注、制作人、页码等

　　D. 表格、项目符号、编号、屏幕截图、联机视频等

9. ［单选］在WPS文字中编辑页眉时，可以通过（　　　）进入页眉编辑状态。

　　A. 在"插入"选项卡中单击"页眉页脚"按钮

　　B. 在"开始"选项卡中单击"页眉页脚"按钮

　　C. 在"页面"选项卡中单击"页眉页脚"按钮

　　D. 在"布局"选项卡中单击"页眉页脚"按钮

10. ［多选］通过下列（　　　）方法，可以进入页脚编辑状态。

　　A. 在"页面"选项卡中单击"页眉页脚"按钮

　　B. 在"插入"选项卡中单击"页眉页脚"按钮

　　C. 按【Ctrl+F】组合键

　　D. 双击文档中的页脚区域

11. ［单选］在"插入"选项卡中单击"页码"按钮，在打开的下拉列表中可以（　　　）。

　　A. 设置页眉的编号和编号格式　　　　B. 设置页码的编号和编号格式

　　C. 设置页脚的编号和编号格式　　　　D. 设置页面的编号和编号格式

12. ［单选］要在WPS文字中创建样式，可以在（　　　）选项卡的"样式"下拉列表中选择"新建样式"选项，在打开的"新建样式"对话框中进行设置。

　　A. 页面　　　　　　　　　　　　　　B. 开始

　　C. 布局　　　　　　　　　　　　　　D. 引用

13. ［单选］在设置样式时，如果要设置样式的字体格式，可以在"新建样式"对话框中单击（　　　）按钮，在弹出的下拉列表中选择"字体"选项。

　　A. 格式　　　　　　B. 字体　　　　　　C. 段落　　　　　　D. 设置

14. ［单选］创建好样式后，选中文本或段落对象，然后在（   ）选项卡的"样式"下拉列表框中选择对应的样式选项，就能为所选对象快速应用样式。

    A. 引用   B. 页面

    C. 布局   D. 开始

15. ［单选］标尺上主要有（   ）4 种类型的滑块。

    A. "首行缩进"滑块、"悬挂缩进"滑块、"段落缩进"滑块、"字符缩进"滑块

    B. "左缩进"滑块、"右缩进"滑块、"段落缩进"滑块、"字符缩进"滑块

    C. "首行缩进"滑块、"悬挂缩进"滑块、"左缩进"滑块、"右缩进"滑块

    D. "左缩进"滑块、"右缩进"滑块、"上缩进"滑块、"下缩进"滑块

（二）填空题

1. 在 WPS 文字中进行页面设置时，可以打开＿＿＿＿＿＿＿＿对话框，利用其中各选项卡对参数进行详细设置。

2. 当文档中添加了页眉和页脚时，可通过"页面设置"对话框中的＿＿＿＿＿＿＿＿设置页面应用页眉和页脚的规则。

3. ＿＿＿＿＿＿＿＿是多种格式的集合。

4. 在 WPS 文字中，应该先＿＿＿＿＿＿＿＿，再应用样式。

5. 要选择篇幅较长的文本段落时，可在段落起始处单击定位插入点，然后滚动鼠标滚轮至段落的末尾，此时需按住＿＿＿＿＿＿＿＿键，然后单击段落末尾处，快速选择文本段落。

6. 国际标准化组织制定的＿＿＿＿＿＿＿＿是一个精密而又系统的纸张尺寸制度。

7. 在标尺上，＿＿＿＿＿＿＿滑块用于调整一个段落中除第一行以外其他行的缩进距离。

8. 在标尺上，＿＿＿＿＿＿＿＿滑块用于调整整个段落距左侧版心的距离。

9. ＿＿＿＿＿＿＿＿度纸张用于图书、杂志、商务印刷品、复印品及一般性印刷品等。

10. 我们较常用到的纸张尺寸是 A4，它的大小是＿＿＿＿＿＿＿＿。

（三）判断题

1. 在 WPS 文字中创建的内容都以页为单位显示。   （   ）

2. WPS 文字的页面设置是默认的，无法根据我们的需要进行调整。   （   ）

3. 在 WPS 文字中不仅可以设置页面的纸张大小、方向等，还可以设置页眉和页脚。

                                                     （   ）

4. 当需要为某个对象设置多种字体格式、段落格式等时，为了提高效率，可以将这些格式保存为样式，需要时，直接将样式应用到对象上。   （   ）

5. 在 WPS 文字中，样式一经创建就无法修改。   （   ）

6. 通过"左缩进"滑块可以调整整个段落距右侧版心的距离。 （   ）

7. B 度纸张尺寸的长宽比都是 2：1。 （   ）

8. 在 A 度纸张中，A0 纸最大，尺寸为 1189mm×841mm。 （   ）

（四）简答题

1. 在 WPS 文字中进行页面设置时，主要可以对哪些内容进行设置？

2. 小雨利用 WPS 文字编写了一篇题为"书法之美"的文章，她想将这篇文章的页面方向设置为"纵向"，页面上下左右的页边距设置为"4.5 厘米"，分栏设置为"双栏"，她应该如何操作？

3. 假设某公司制作了一份"员工手册"文档，想在文档的适当位置处添加公司名称、Logo 等，请问该公司可以将这些内容添加在哪里？如何添加？

4. 如何在 WPS 文字中为文字快速设置格式，提高文档编辑效率？

5. 如何在 WPS 文字中创建新样式？

（五）操作题

1. 按下列要求制作“植树造林的好处”文档（配套资源:\效果文件\模块3\植树造林的好处.wps），部分效果如图3-3所示。

（1）打开“植树造林的好处”文档（配套资源:\素材文件\模块3\植树造林的好处.wps),将“页边距”的“上”“下”边距设置为“2.54厘米”,“左”“右”边距设置为“5.08厘米”。

（2）将“纸张方向”设置为“横向”,将“纸张大小”设置为“16K（195mm×270mm）”。

（3）将页面中的文本分为“两栏”。

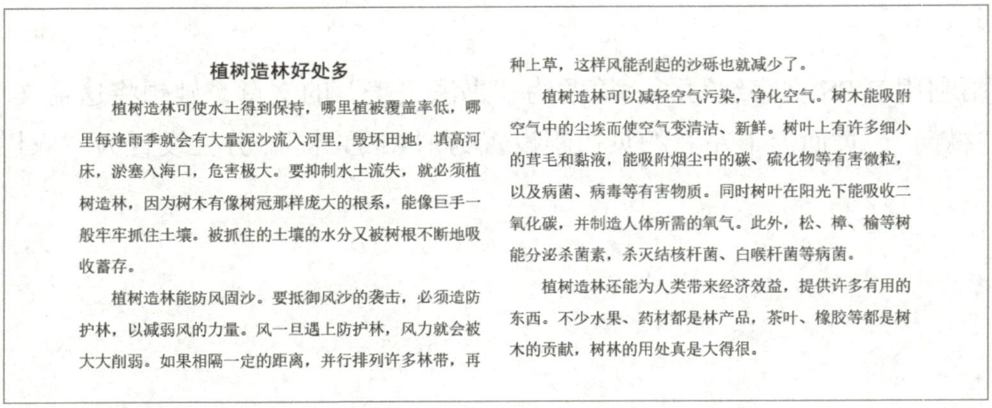

植树造林好处多

植树造林可使水土得到保持，哪里植被覆盖率低，哪里每逢雨季就会有大量泥沙流入河里，毁坏田地，填高河床，淤塞入海口，危害极大。要抑制水土流失，就必须植树造林，因为树木有像树冠那样庞大的根系，能像巨手一般牢牢抓住土壤。被抓住的土壤的水分又被树根不断地吸收蓄存。

植树造林能防风固沙。要抵御风沙的袭击，必须造防护林，以减弱风的力量。风一旦遇上防护林，风力就会被大大削弱。如果相隔一定的距离，并行排列许多林带，再种上草，这样风能刮起的沙砾也就减少了。

植树造林可以减轻空气污染，净化空气。树木能吸附空气中的尘埃而使空气变清洁、新鲜。树叶上有许多细小的茸毛和黏液，能吸附烟尘中的碳、硫化物等有害微粒，以及病菌、病毒等有害物质。同时树叶在阳光下能吸收二氧化碳，并制造人体所需的氧气。此外，松、樟、榆等树能分泌杀菌素，杀灭结核杆菌、白喉杆菌等病菌。

植树造林还能为人类带来经济效益，提供许多有用的东西。不少水果、药材都是林产品，茶叶、橡胶等都是树木的贡献，树林的用处真是大得很。

图3-3

2. 按下列要求制作“国庆节活动策划方案”文档（配套资源:\效果文件\模块3\国庆节活动策划方案.wps），部分效果如图3-4所示。

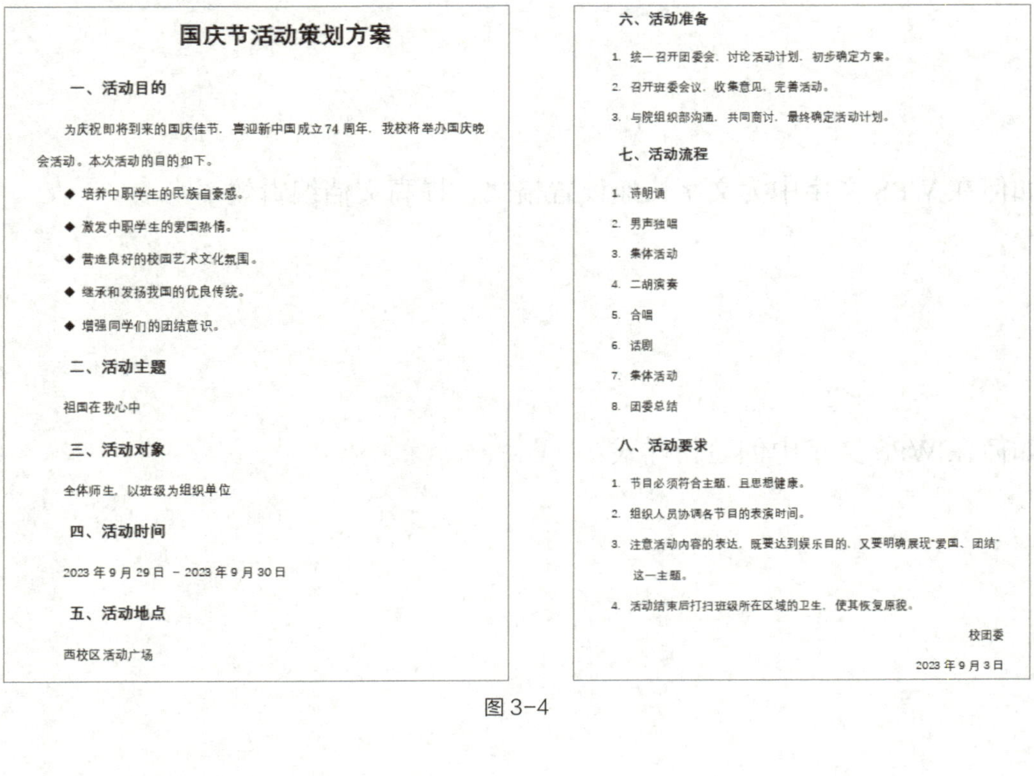

国庆节活动策划方案

一、活动目的

为庆祝即将到来的国庆佳节，喜迎新中国成立74周年，我校将举办国庆晚会活动。本次活动的目的如下。

- 培养中职学生的民族自豪感。
- 激发中职学生的爱国热情。
- 营造良好的校园艺术文化氛围。
- 继承和发扬我国的优良传统。
- 增强同学们的团结意识。

二、活动主题

祖国在我心中

三、活动对象

全体师生，以班级为组织单位

四、活动时间

2023年9月29日－2023年9月30日

五、活动地点

西校区活动广场

六、活动准备

1. 统一召开团委会，讨论活动计划，初步确定方案。
2. 召开班委会议，收集意见，完善活动。
3. 与院组织部沟通，共同商讨，最终确定活动计划。

七、活动流程

1. 诗朗诵
2. 男声独唱
3. 集体活动
4. 二胡演奏
5. 合唱
6. 话剧
7. 集体活动
8. 团委总结

八、活动要求

1. 节目必须符合主题，且思想健康。
2. 组织人员协调各节目的表演时间。
3. 注意活动内容的表达，既要达到娱乐目的，又要明确展现“爱国、团结”这一主题。
4. 活动结束后打扫班级所在区域的卫生，使其恢复原貌。

校团委

2023年9月3日

图3-4

（1）打开“国庆节活动策划方案”文档（配套资源 :\ 素材文件 \ 模块 3\ 国庆节活动策划方案 .wps），为标题应用“标题 1”样式，并设置居中对齐。

（2）修改“正文”样式的字号为“小四”、对齐方式为“左对齐”、缩进为“首行”、缩进值为“2 字符”、行距为“1.5 倍行距”，然后应用“正文”样式。

（3）创建一个“小标题”样式，字号为“小三”，文字加粗，段前间距和段后间距都为“0.5 行”，将该样式应用到“一、”“二、”形式开头的文本中。

（4）为小标题样式“一、”下面的文本设置菱形项目符号，为“六、”“七、”“八、”下面的文本设置编号，将最后两行文本的对齐方式设置为“右对齐”。

（5）保存文档。

3. 按下列要求制作“会议通知”文档（配套资源 :\ 效果文件 \ 模块 3\ 会议通知 .wps），部分效果如图 3-5 所示。

（1）打开“会议通知”文档（配套资源 :\ 素材文件 \ 模块 3\ 会议通知 .wps），将全文字体设置为“宋体（中文正文）、10.5”，设置行距为“1.5 倍行距”。

（2）将“经公司工作部署……”段落设置为“首行缩进 2 字符”，将落款和日期设置为“右对齐”。

（3）为标题应用“副标题”样式，为“各部门经理 :”“会议主要内容”“有关要求”，以及落款和日期应用“要点”样式，为“会议主要内容”下方的各条款应用“强调”样式。

（4）为“会议主要内容”下方的各条款添加编号，编号样式为“1. 2. 3. …”，为“有关要求”下方的各条款添加项目符号，项目符号样式为“✧”。

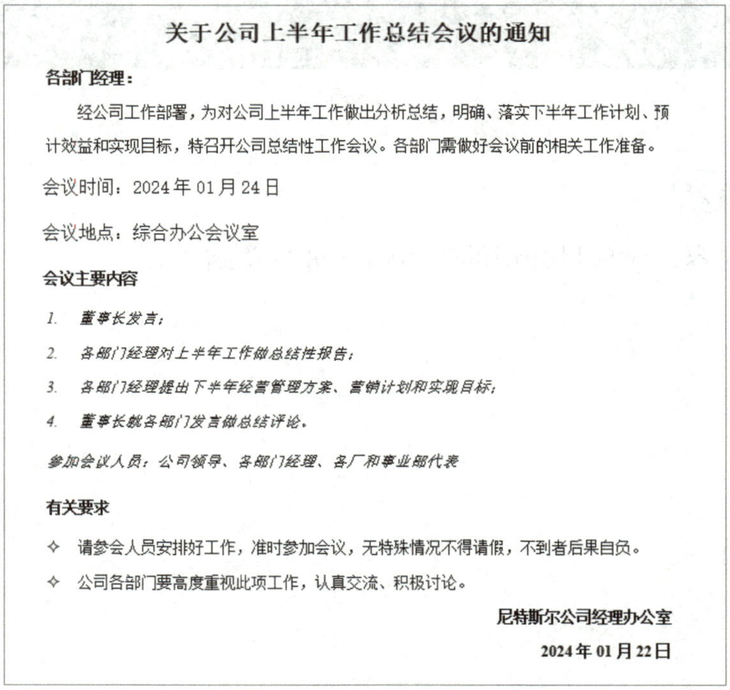

关于公司上半年工作总结会议的通知

各部门经理：

经公司工作部署，为对公司上半年工作做出分析总结，明确、落实下半年工作计划、预计效益和实现目标，特召开公司总结性工作会议。各部门需做好会议前的相关工作准备。

会议时间：2024 年 01 月 24 日

会议地点：综合办公会议室

会议主要内容

1. *董事长发言；*
2. *各部门经理对上半年工作做总结性报告；*
3. *各部门经理提出下半年经营管理方案、营销计划和实现目标；*
4. *董事长就各部门发言做总结评论。*

参加会议人员：公司领导、各部门经理、各厂和事业部代表

有关要求

✧ 请参会人员安排好工作，准时参加会议，无特殊情况不得请假，不到者后果自负。

✧ 公司各部门要高度重视此项工作，认真交流、积极讨论。

尼特斯尔公司经理办公室

2024 年 01 月 22 日

图 3-5

4. 按下列要求制作"载人航天飞行"文档（配套资源 :\ 效果文件 \ 模块 3\ 载人航天飞行 .wps），部分效果如图 3-6 所示。

（1）打开"载人航天飞行"文档（配套资源 :\ 素材文件 \ 模块 3\ 载人航天飞行 .wps），将"页边距"的"上""下"边距设置为"2.54 厘米"，"左""右"边距设置为"5.08 厘米"。

（2）将"纸张方向"设置为"横向"，将"纸张大小"设置为"A5（14.8cm×21cm）"。

（3）在文档中插入图片，图片环绕方式为"衬于文字下方"，调整图片的大小。

（4）将文本字体格式设置为"思源黑体、12、白色"，"行距"为"20 磅"。

图 3-6

 四、课后总结

请回顾本项目内容，对项目知识的学习情况进行总结。

1. 学习重难点

2. 学习疑问

3. 学习体会

项目 3.3 制作表格

一、学习目标

知识目标

◎ 掌握在文档中插入表格的方法。
◎ 掌握编辑表格的方法。
◎ 掌握设置表格格式的方法。
◎ 掌握对表格中的数据进行简单计算和排序的方法。

技能目标

◎ 能够根据需要在文档中插入合适的表格。
◎ 能够对表格进行编辑、美化。
◎ 能够对表格中的数据进行基本的管理。

素养目标

◎ 培养美学素养，从而制作出美观、实用的表格。
◎ 发挥自身的主体作用，提升独立制作文档的能力。

二、学习案例

　　学校即将举办以"青少年的责任"为主题的读书交流会，小敏代表班级参加，需要独立完成一篇稿件的编写。稿件编写完成之后，需要统一提交，由负责老师审核内容，最终会统一发布在校园周刊上。小敏花费了大量的时间编写稿件，终于赶在最后期限前完成。但在提交了稿件后，负责审批的老师提出了很多关于稿件格式与排版等方面的意见。

　　小敏修改稿子时花了很多心思，边查边改，终于达到了老师的要求。在修改期间，小敏与其他参与活动的同学闲聊，得知对方的稿件初稿也有很多问题，例如，表格的应用不合理、表格的样式不美观等;但在求助了一位朋友后,这些问题不到半小时就解决了。小敏感到很惊讶,自己在处理类似问题时，至少花费了一个下午的时间，甚至老师还帮忙进行了最后的完善。

同学说："我觉得 WPS 文字真的很神奇，它还有很多功能需要我们去发掘，我花费一下午做的表格，别人却只要半小时就完成了。"

小敏深以为然，她想："WPS 文字在日常工作和生活中的应用频率这么高，我一定要熟练地掌握它的基本功能和常用功能，并找时间反复练习，提高文档的制作效率，只有掌握了先进的工作方法，才能收获丰厚的回报。"

请思考以下问题。

（1）你认为自己掌握了 WPS 文字的哪些功能?

（2）你愿意主动了解 WPS 文字的快捷功能吗?

（3）有人说，"关于软件使用，有这样一个二八定律，即 80% 的人只会使用一个软件的 20% 的功能"，你觉得为什么大部分人只会使用软件 20% 的功能?

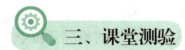 **三、课堂测验**

（一）选择题

1. ［单选］表格是由若干行和列划分成的（　　　）所组成的。

　　A. 单元格　　　　　　　B. 单位　　　　　　　C. 空格　　　　　　D. 内容

2. ［单选］表格主要由（　　　）等元素组成。

　　A. 行、列、栏、公式、函数、表头、表题、表身、表注

　　B. 公式、函数、数据、文本

　　C. 表格标题、行、列、单元格

　　D. 表头、表题、表身、表注、表名称、表范围、页面

3. ［单选］表格中的单元格支持输入（　　　）等内容。

　　A. 视频、音频　　　　　　　　　B. 文本、图片

　　C. 链接、按钮　　　　　　　　　D. 对象、程序

4. ［单选］图 3-7 中，a、b、c 分别被称作（　　　）。

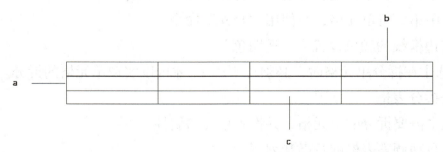

图 3-7

A.　行、列、单元格　　　　　　　　　B.　横、纵、表格

C.　列、行、单元格　　　　　　　　　D.　纵、横、表格

5. ［多选］在 WPS 文字中创建表格的方法有很多种，下列可以创建表格的方法有(　　　)。

A.　在"开始"选项卡中单击"表格"下拉按钮

B.　在"插入"选项卡中单击"表格"下拉按钮

C.　打开"插入表格"对话框，在其中设置表格的行列数

D.　打开"绘制表格"对话框，在其中设置表格的行列数

6. ［单选］在 WPS 文字中创建表格时，如果要插入 12×12 的表格，可以（　　　）。

A.　在"开始"选项卡中单击"表格"下拉按钮，在打开的下拉列表中直接选择

B.　在"插入"选项卡中单击"表格"下拉按钮，在打开的下拉列表中直接选择

C.　打开"绘制表格"对话框，在其中设置表格的行列数为"12"

D.　在"插入表格"对话框中设置"列数"和"行数"均为"12"

7. ［多选］在 WPS 文字中，如果要为表格插入行或列，可以（　　　）。

A.　选中某行或某列并右击，在弹出的快捷菜单中选择"插入"命令下的相应子命令

B.　在需插入行的表格外侧或需插入列的表格上侧单击"添加"标记

C.　将插入点定位到单元格中并右击，在弹出的快捷菜单中选择"插入"命令下的相应子命令

D.　在"插入表格"对话框中重新设置"列数"和"行数"

8. ［单选］通过拖曳鼠标的方式调整单元格的行高时，应该先（　　　）。

A.　将鼠标指针定位到行与行之间的分隔线上

B.　选中需要调整行高的行

C.　将插入点定位到单元格中

D.　将鼠标指针定位到行与行之间的空白处

9. ［单选］小郝在 WPS 文字中插入表格后，想将第一行单元格合并成一个单元格，他可以（　　　）。

A.　直接删除多余的边框线

B.　选中第一行单元格，并使用"合并单元格"命令

C.　选中第一行单元格，并使用"合并"命令

D.　将边框线的颜色设置为"透明色"

10. ［单选］在拆分单元格时，必须（　　　），才可以实现单元格的拆分。

A.　先拆分表格

B.　选中需要拆分的单元格，并设置单元格属性

C.　先自动调整表格的行高和列宽

D. 设置具体的拆分行列数

11. ［单选］如果要为表格应用样式，可以在（　　　）选项卡的"样式"下拉列表中选择表格样式选项。

　A. 表格样式

　B. 表格工具

　C. 布局

　D. 表格样式选项

12. ［单选］如果要调整表格的行高和列宽，可以在（　　　）选项卡中的"表格行高"数值框和"表格列宽"数值框中进行设置。

　A. 设计

　B. 表格样式选项

　C. 表格样式

　D. 表格工具

13. ［单选］当想要（　　　），可以将表格数据按从高到低或从低到高的顺序来排列。

　A. 更精准地表现数字之间的前后顺序

　B. 更好地表现数据的大小关系

　C. 更精准地表现数字之间的逻辑

　D. 更好地表现数据的变化趋势

14. ［单选］在WPS文字中将文本转换为表格时，如果用"#"来分割文本，则应该在"将文字转换成表格"对话框中的"其他字符"文本框中输入（　　　）。

　A. 空格　　　　　　　　　B. #　　　　　　　　C. *　　　　　　　　D. ！

15. ［多选］WPS文字提供了快速计算功能，在插入的表格中选择需要计算的单元格，单击"表格工具"选项卡中的"计算"按钮，可进行（　　　）计算。

　A. 求和　　　　　　　B. 平均值　　　　　C. 最大值　　　　　D. 最小值

（二）填空题

1. 表格中的列可以称为_____。

2. 表格中的行可以称为_____。

3. 在WPS文字中，如果要在单元格中输入内容，首先需要将_____定位到单元格中。

4. 如果要删除整行或整列单元格，可以选择整行或整列单元格，然后按_____键。

5. 在使用拖曳鼠标的方式调整单元格列宽时，必须按住_____不放，并进行拖曳。

6. 通过_____命令，可将多个单元格合并为一个单元格。

7. 选择单元格或表格后，在＿＿＿＿＿＿＿＿＿选项卡中也可实现对表格的编辑。

8. 在＿＿＿＿＿＿＿＿＿组中可精确设置行高和列宽。

9. 如果想要将表格转换成文本，需要选择表格后，在"表格工具"选项卡中单击＿＿＿＿＿＿＿＿＿按钮。

10. 在设置表格边框时，如果想要同时应用多种样式、颜色和宽度的边框效果，可以在＿＿＿＿＿＿＿＿＿对话框中一次性设置完成。

（三）判断题

1. 表格可以简洁明了地表现大量的文本，使信息更加直观，这提高了文档的可读性。（　　）

2. 在 WPS 文字的表格中无法进行数据计算和排序操作。（　　）

3. WPS 文字中的表格必须在插入时设置行高和列宽，否则无法修改。（　　）

4. 在 WPS 文字中，可以同时删除多行或多列单元格。（　　）

5. 如果要选中整个表格，可以单击表格左上角的"全选"标记。（　　）

6. 在 WPS 文字中，可以根据需要删除行或列、插入行或列、合并单元格、拆分单元格等。（　　）

7. 在"表格样式"选项卡中可设置单元格中文本的对齐方式。（　　）

8. 在 WPS 文字中，不必将文本按规则排列，可以直接转换为表格。（　　）

9. WPS 文字会自动根据用于计算的数据所在单元格的位置，提供合适的公式及参数。（　　）

10. WPS 文字的计算功能不如 WPS 表格强大，只能实现加减运算，不能计算平均值。（　　）

（四）简答题

1. 如何在 WPS 文字中插入一个 5×6 的表格？

2. 若表格的行高、列宽不符合要求，可以通过哪些方法来进行调整？

3. 表格行数不够时该如何操作？

4. 请简述删除表格的行或列的方法。

5. 如果要将图 3-8 上方的表格制作成下方表格的效果，需要进行哪些操作？

图 3-8

6. 在 WPS 文字中，可以将文本转换为表格，但需要设置"文本分隔位置"，以便 WPS 文字根据文本分隔位置确定转换后的表格样式。请问哪些符号可以用于分隔文本？

（五）操作题

1. 按下列要求制作"志愿者服务记录"文档（配套资源:\效果文件\模块3\志愿者服务记录.wps），效果如图3-9所示。

（1）新建"志愿者服务记录"文档，输入标题"志愿者服务记录"文本，设置字体格式为"黑体、三号"。

（2）在标题下方输入表格中的各项目文字，各项目文字之间用"#"分割，以便直接将文本转换为表格，例如，输入"姓名##性别##班级#"，表示第一行单元格中主要有"姓名""性别""班级"3个项目，且每个项目后方均有一个空白单元格。

（3）参考图3-9所示的效果图完成文字的输入后，直接将文字转换为表格。

（4）参考图3-9所示的效果图，对表格进行插入行、合并单元格等操作。

（5）调整单元格的行高和列宽。

（6）在最后一行的右侧单元格中输入文本，然后设置整个表格的字体格式为"宋体、五号"。

志愿者服务记录

姓名		性别		班级	
服务时间		服务地点			
服务对象					
服务内容					
服务评价	签名（盖章）	优秀	良好	合格	不合格
服务承诺	本人自愿参与志愿服务，尽己所能，不计报酬，帮助他人，服务社会，践行志愿服务精神。 本人签名：　　　　　　　　　　年　月　日				

图3-9

2. 按下列要求制作"成绩单"文档（配套资源:\效果文件\模块3\成绩单.wps），效果如图3-10所示。

（1）新建"成绩单"文档，输入标题"成绩单"文本，设置字体格式为"黑体、加粗、小一、居中对齐"。

（2）创建一个9×11的表格，将鼠标指针移动到表格右下角的控制点上，拖曳鼠标调整表格高度。

（3）合并最后一行单元格，在第1行第1列所在的单元格中手动绘制一个斜线表头，并输入相应的文本，然后拖曳鼠标调整表格的第1列的列宽。

（4）选中整个表格，在表格第 1 行下方插入一行单元格，然后删除倒数第 2 行单元格。

（5）在表格对应的位置输入相应文本，将整个表格居中对齐，并将第 1 行中除第 1 列外的单元格的对齐方式设置为"水平居中"。然后为最后一行单元格设置底纹为"橙色"。

（6）选中整个表格，设置表格宽度为"适应窗口大小"。

（7）设置表格外边框样式为"单实线"、颜色为"蓝色"，上下左右框线粗细为"1.5 磅"，内部框线的粗细为"0.5 磅"，为最后一行的上边框设置样式为"双实线"。

（8）使用"计算"按钮计算总成绩和平均成绩。

成绩单

科目\姓名	语文	数学	英语	信息技术	政治	历史	总成绩	平均成绩
张明	105	120	89	80	86	87	567	94.5
李丽	87	110	98	68	98	60	521	86.83
赵小明	98	87	88	55	60	65	453	75.5
李珏	112	99	78	68	65	78	500	83.33
王军	124	86	100	78	89	88	565	94.17
沈小宝	88	88	120	88	78	90	552	92
孙思敏	98	120	120	98	88	87	611	101.83
陈琳	105	113	105	78	78	91	570	95
熊小宇	112	120	116	80	60	88	576	96
本学期第一次月考								

图 3-10

3. 按下列要求制作"产品入库单"文档（配套资源:\效果文件\模块3\产品入库单 .wps），效果如图 3-11 所示。

（1）新建"产品入库单"文档，输入表格标题"产品入库单"，并将标题的文本和段落格式设置为"方正兰亭中黑简、三号、居中、段后 0.5 行"。

（2）插入一个 8×13 的表格，输入表头内容，其中"金额"项目留空，后期通过计算得到。

（3）合并第 13 行的前 4 列表格，输入表格内容。

（4）在"金额"项目下的第 1 个单元格中输入"=PRODUCT(LEFT)"，计算左侧单价与数量的乘积，复制该单元格中的计算结果，将其粘贴到下方的单元格中。

（5）用相同的方法快速得到其他产品的金额，并在"合计"单元格右侧相邻的单元格中输入"=SUM(ABOVE)"，分别计算"数量"和"金额"的数据之和。

（6）设置表格样式为"网格表 5 深色 - 着色 6"、表格中文本的格式为"思源黑体、水平居中"，并调整单元格的列宽和行高。

（7）保存文档。

产品入库单

序号	产品名	单位	单价	数量	金额	日期	备注
1	S-V-702N	件	35	120	4200	2022.4.9	
2	P-S-952	件	40	80	3200	2022.4.9	
3	J-D-226	件	35	100	3500	2022.4.9	
4	S-V-608	件	45	120	5400	2022.4.9	
5	P-S-265N	件	25	100	2500	2022.4.9	
6	J-V-521	件	45	90	4050	2022.4.9	
7	S-D-845	件	35	80	2800	2022.4.9	
8	J-S-623N	件	40	70	2800	2022.4.9	
9	P-D-703	件	30	100	3000	2022.4.9	
10	S-V-304N	件	40	80	3200	2022.4.9	
11	P-S-212	件	50	100	5000	2022.4.9	
合计				1040	39650	/	/

图 3-11

四、课后总结

请回顾本项目内容，对项目知识的学习情况进行总结。

1. 学习重难点

2. 学习疑问

3. 学习体会

项目 3.4 绘制图形

 一、学习目标

知识目标

◎ 掌握绘制、编辑和美化图形的方法。
◎ 掌握示意图、结构图的绘制方法。
◎ 掌握画图程序、画图3D程序的使用方法。
◎ 掌握思维导图、数学公式、图形符号的绘制方法。

技能目标

◎ 能够根据需要在WPS文字中插入并美化图形。
◎ 能够熟练使用各种画图程序绘制2D、3D图形。
◎ 能够绘制不同类型的图形或符号等对象。

素养目标

◎ 提升图形审美能力和设计能力。
◎ 培养实用精神、团队精神和合作精神。

 二、学习案例

　　小雅的朋友在制作班级海报，海报中用到了很多图形，有云朵、书本、铅笔、计算机、笑脸、旗帜……

　　小雅感到很好奇，问朋友："你从哪里找的这些图形？"

　　朋友说："这都是画的，在 WPS 文字中就可以画图。"

　　小雅很惊讶，她知道使用 WPS 文字可以画一些基本的形状，但却不知道还可以画这样惟妙惟肖的图形。她去网上搜索 WPS 文字中的图形，发现还有人用 WPS 文字画示意图、画标志，甚至画了一幅复杂的风景画。小雅这才认识到 WPS 文字功能的强大之处。

后来，在编辑 WPS 文档时，小雅不再仅仅使用文字来表达信息，她开始灵活运用各种各样的图形来表现事物之间的关系、逻辑，展示重要的信息，这样不仅让信息的表达更加简洁高效，而且文档的排版和样式都更加美观了。

请思考以下问题。

（1）你了解 WPS 文字中绘制图形这一功能吗？

（2）在哪些情况下或在展示哪些信息时，可以运用图形来表达？

（3）在网络中搜索用 WPS 文字绘制的各种图形，看看这些图形你自己是否也能够绘制出来，绘制的思路是怎样的？

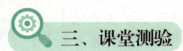
三、课堂测验

（一）选择题

1.［多选］对于文档而言，图形可以起到（　　　）等作用。

　　A. 美化内容　　　　　　　　　B. 点缀版式

　　C. 突出重点　　　　　　　　　D. 强调主体

2.［单选］在 WPS 文字中绘制形状时，应该在（　　　）选项卡中单击"形状"按钮，在弹出的下拉列表中选择需要的形状。

　　A. 图形　　　　　　　　　　　B. 插入

　　C. 形状　　　　　　　　　　　D. 绘图

3.［单选］在 WPS 文字中选择了形状后，可以通过（　　　）的方法完成形状的绘制。

　　A. 拖曳鼠标绘制　　　　　　　B. 在文本框中绘制

　　C. 单击绘制　　　　　　　　　D. 右击绘制

4.［单选］绘制图形后，我们还可以对图形进行各种编辑和美化操作，包括调整大小、角度、位置、（　　　）等。

　　A. 设置图形轮廓颜色和填充颜色

　　B. 对图形进行剪切、裁剪、对齐、旋转操作

　　C. 设置图形的角度、边框、填充颜色、倾斜方向、遮罩效果

　　D. 对图形进行镜像翻转、变形、折叠操作

5.［单选］在 WPS 文字中选中绘制的图形后，图形边框上将显示（　　　）个白色控制点，拖曳这些控制点可调整图形的大小。

　　A. 12　　　　　　　　B. 2　　　　　　　　C. 4　　　　　　　　D. 8

6.［单选］选中图形，在（　　　）选项卡中可设置图形格式。

A. 形状样式

B. 绘图工具

C. 绘图格式

D. 绘图样式

7. ［单选］在设置形状样式时，可分别设置形状的（　　　）。

A. 填充颜色、对齐方式、艺术样式、堆叠效果

B. 形状效果、色调、艺术样式、特殊效果

C. 对齐方式、艺术样式、特殊效果

D. 填充颜色、形状轮廓、形状效果

8. ［单选］当使用多个简单图形生成一个复杂图形后，可通过（　　　）的方式将这些图形组合为一个整体，以便于同时进行移动、旋转等操作。

A. 合并　　　　　　B. 叠加　　　　　　C. 组合　　　　　　D. 拼合

9. ［单选］如果需要调整叠放顺序，可选中某个图形对象，在（　　　）选项卡中单击相应的按钮逐层调整。

A. 排列　　　　　　　　　　　　B. 绘图工具

C. 格式　　　　　　　　　　　　D. 调整

10. ［单选］如果要将某个图形放在最上层，需要对其执行（　　　）命令。

A. 置于顶层　　　　　　　　　　B. 上移一层

C. 置于上层　　　　　　　　　　D. 上移至顶层

11. ［单选］如果需要对齐或分布多个图形，在"绘图工具"选项卡中单击（　　　）按钮，在弹出的下拉列表中选择所需的对齐及分布命令即可。

A. 排列　　　　　　B. 分布　　　　　　C. 组合　　　　　　D. 对齐

12. ［多选］在 WPS 文字中可以直接插入智能图形，WPS 文字中的智能图形类型包括（　　　）。

A. 列表　　　　　B. 流程　　　　　C. 循环　　　　　D. 时间轴

E. 关系　　　　　F. 矩阵

13. ［单选］利用 Windows 系统的（　　　）程序，可以绘制简单的 2D 模型。

A. 记事本　　　　B. 画图　　　　C. 计算器　　　　D. 美图秀秀

14. ［单选］利用画图程序的"剪贴板"工具，可以对选中的对象进行（　　　）等操作。

A. 剪切、复制、粘贴

B. 绘制线条、填充区域、输入文本

C. 擦除对象、选取颜色、放大区域

D. 选择、裁剪、调整大小、旋转

15. ［单选］在画图 3D 程序中，可在（　　　）选项卡中选择各种样式的画笔，并设置需要的颜色，然后绘制出需要的线条。

　　A. 颜色　　　　　　　　B. 形状　　　　　　　C. 大小　　　　　　　D. 画笔

16. ［单选］在画图 3D 程序中，可在（　　）选项卡中选择已有的 3D 模型资源。

　　A. 3D 资源库　　　　　　　　　　B. 资源库

　　C. 3D 素材库　　　　　　　　　　D. 3D 模板库

17. ［多选］下列软件中，可以用于制作思维导图的有（　　）。

　　A. 百度脑图　　　　　　　　　　B. iMindMap

　　C. MindMaster　　　　　　　　　D. 钉钉脑图

18. ［单选］当文档内容涉及数学公式时，可以借助 WPS 文字的（　　　）功能输入数学公式。

　　A. 数据　　　　　　B. 文档部件　　　　　C. 对象　　　　　　　D. 公式

19. ［多选］在 WPS 文字中，可以通过（　　）方法插入特殊符号。

　　A. 使用插入符号功能　　　　　　B. 使用键盘

　　C. 使用插入对象功能　　　　　　D. 使用软键盘功能

20. ［单选］小文想要通过图示反映学习计划的各个环节，她可以使用（　　　）类型的智能图形。

　　A. 列表　　　　　　B. 流程　　　　　　　C. 循环　　　　　　　D. 关系

（二）填空题

1. 在 WPS 文字中绘制正圆，需要选择"椭圆"形状，按住_____键进行绘制。

2. 对于多个图形，可以进行组合、叠放、对齐、_____等操作。

3. 拖曳图形上方出现的_____控制点，可调整图形的显示角度。

4. 在图形上按住鼠标_____进行拖曳，可移动图形。

5. 如果要组合图形，需要先利用_____键或【Shift】键选择多个图形。

6. 在画图程序中，利用_____组可以执行绘制线条、填充区域、输入文本、擦除对象、选取颜色、放大区域等操作。

7. 在画图程序中的_____工具中选择需要的样式后，就可在画布中随意描绘各种线条和形状。

8. 在画图 3D 程序中绘制 3D 模型后，可为 3D 模型贴上需要的贴纸、_____或计算机中的图片。

9. 在画图 3D 程序的_____选项卡中，可以对画布的大小和旋转角度等参数进行设置。

10. _____也叫脑图、心智导图等，它可以将思维形象化，是一种实用性的思维工具。

11. 在绘制思维导图时，首先需要新建_____并输入文本，然后以此为基础插入下级分支创建关节点，再继续插入下级或同级分支。

12. 在搜狗输入法的语言栏上右击，在弹出的快捷菜单中选择_____命令，并选择相应的选项，可以启动相应的软键盘类型。

（三）判断题

1. WPS 文字中提供了大量的简单图形，以方便用户绘制和使用。　　　　　（　　）

2. 在 WPS 文字中绘制图形后，只能调整图形的大小、位置，不能调整图形的角度。

（　　）

3. WPS 文字的"样式"下拉列表中预设了 8 个样式选项。　　　　　　　（　　）

4. 选中多个形状后，在"绘图工具"选项卡中单击"组合"下拉按钮，在弹出的下拉列表中选择"组合"选项，可以组合多个形状。　　　　　　　　　　　　（　　）

5. 在 WPS 文字中，先绘制的图形默认显示在上方。　　　　　　　　　（　　）

6. 对图形执行"置于底层"操作后，图形就会显示在最下方。　　　　　　（　　）

7. 在 WPS 文字中，可以利用智能图形工具绘制示意图、结构图等。　　　（　　）

8. 在画图程序中打开一张图片后，只能对其进行裁剪、调整大小、旋转等操作。

（　　）

9. 在画图程序中，选择"形状"组中的某个形状，设置轮廓样式和填充样式后，可以在画布上绘制出 2D 图形。　　　　　　　　　　　　　　　　　　　（　　）

10. Windows 10 提供的画图 3D 程序可以用于绘制 3D 模型，不能用于绘制 2D 模型。　　　　　　　　　　　　　　　　　　　　　　　　　　　　　（　　）

11. 在画图 3D 程序中，可以使用 3D 涂鸦工具自行绘制出形状，程序将根据形状自动生成对应的 3D 模型。　　　　　　　　　　　　　　　　　　　　（　　）

12. 如果需要制作组织结构图，可以使用列表类型的 SmartArt 图形。　　（　　）

（四）简答题

1. 小张想要在 WPS 文字中绘制一个圆形和一个正方形，请问他要如何操作？

2. 观察下方的图片，如果要将图 3-12 中的云朵样式编辑成图 3-13 中的云朵样式，需要经过哪些操作？

图 3-12

图 3-13

3. 小红在 WPS 文字中绘制了一面图 3-14 所示的旗帜，她想为这面旗帜设置效果，请问她可以从哪些方面进行设置？

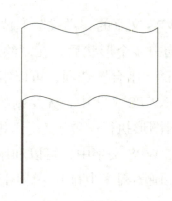

图 3-14

4. 假设文档中有 5 个形状，现要将这些形状组合成一个整体，在 WPS 文字中可以使用哪些方法来实现？

5. 观察下方的图片，如果要将图 3-15 所示的三角形排列成图 3-16 所示的样式，需要经过哪些操作？

图 3-15

图 3-16

6. 请简述制作思维导图的流程。

（五）操作题

1. 按下列要求绘制图 3-17 所示的图示（配套资源 :\ 效果文件 \ 模块 3\ 图示 .wps）。

（1）新建"图示 .wps"文档，将页面设置为"横向"。

（2）绘制空心弧，再复制出 3 个空心弧，调整各个空心弧的弧度和位置，并设置第 1、4 个空心弧填充颜色为"橙色"，第 2、3 个空心弧的填充颜色为"橙色"，颜色透明度为"60%"，轮廓均设置为"无边框颜色"。

（3）绘制矩形，再复制出 3 个矩形，调整各个矩形的位置，并设置第 1、4 个矩形填充颜色为"橙色"，第 2、3 个矩形填充颜色为"橙色"，颜色透明度为"60%"，轮廓均设置为"无边框颜色"。

（4）绘制文本框，输入文本，并设置文本格式为"黑体、48"。

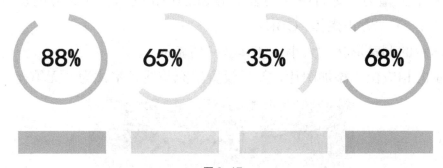

图 3-17

2. 按下列要求，使用画图程序绘制和编辑 2D 图片，效果如图 3-18 所示（配套资源 :\ 效果文件 \ 模块 3\ 春暖花开 .png）。

（1）打开画图程序，打开图片"桃花 .png"（配套资源 :\ 素材文件 \ 模块 3\ 桃花 .png），将图片旋转 180°，然后拖曳画布右侧的控制点，扩大画布的范围。

（2）绘制一个圆角矩形，为其填充颜色。可使用"取色器"工具直接在图片中取色，再使用"填充"工具为圆角矩形填充颜色。

（3）使用"取色器"工具在图片中取色，然后在圆角矩形上输入文本"春暖花开"，设置文本格式为"黑体、150"，并调整文本的位置。

（4）在图片中取色，然后输入文本"百分桃花千分柳，冶红妖翠画江南。"设置其字体格式为"仿宋、72"，并调整其位置。

图 3-18

3. 按下列要求编辑"学生风采展示"文档（配套资源 :\ 效果文件 \ 模块 3\ 学生风采展示 .wps），分别在文档中插入文本框、图片和 SmartArt 图形，效果如图 3-19 所示。

（1）打开"学生风采展示"文档（配套资源 :\ 素材文件 \ 模块 3\ 学生风采展示 .wps），插入图片"这就是我们 .jpg"（配套资源 :\ 素材文件 \ 模块 3\ 这就是我们 .jpg），并设置图片的显示方式为"浮于文字上方"，然后将其移动到第一个方框中，并为其应用"柔化边缘"图片样式。

（2）插入一个类型为"垂直图片列表"的 SmartArt 图示，在对应的位置输入文本，调整文本格式为"小三""方正黑体 _GBK"。

（3）调整图示的调整形状、大小，使其呈一列显示。

（4）在图示的相应位置添加图片，然后设置填充与线条格式为"无填充 - 实线"。

图 3-19

4. 使用"插入新公式"命令在 WPS 文档中输入如下公式。

$$(x + a)^n = \sum_{k=0}^{n} \binom{n}{k} x^k a^{n-k}$$

5. 使用百度脑图创建一个图 3-20 所示的思维导图。

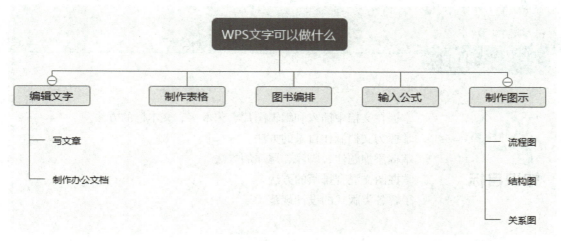

图 3-20

 ## 四、课后总结

请回顾本项目内容，对项目知识的学习情况进行总结。

1. 学习重难点

2. 学习疑问

3. 学习体会

项目 3.5　编排图文

一、学习目标

知识目标

◎ 掌握在文档中插入和编辑图片、艺术字、文本框的方法。
◎ 掌握为文档制作目录的方法。
◎ 掌握添加题注、脚注、尾注的方法。
◎ 掌握图文混合排版的方法。
◎ 了解各类版式的设计规范。

技能目标

◎ 能够运用图片、艺术字、文本框等进行图文混排。
◎ 能够为文档制作目录，添加题注、脚注、尾注。
◎ 能够对文档的排版版式进行设计。

素养目标

◎ 活跃思维，提升排版能力和版式设计能力。
◎ 锻炼动手能力，不断巩固专业技能。

二、学习案例

　　小菲在逛图书馆时翻到了一本很漂亮的书，该书封面的设计非常精美，马上就吸引了小菲的注意力。

　　小菲忍不住拿起这本书，发现这是一本地方年鉴，全书精装彩印、图文并茂，视觉上给人风格典雅、端庄大气之感。小菲翻看这本年鉴的内页，发现内页中文字与图片的布局也十分精巧，对称整齐，十分大气，部分小板块的设计又让整本书在庄重之余不失灵动。无论是图文排列、文字对比，还是颜色搭配，都恰到好处。

　　小菲是学校新闻编辑部的负责人，为了提升新闻整体的美观性，给同学们带来良好的阅读体验，她十分关注新闻的排版，因此毫不犹豫地将这本年鉴借回家，准备学习书里的排版设计技巧。

　　将书带回家后，3岁的妹妹看到了，也忍不住翻看了很久。小菲忍不住想："妹妹即使还不认识字，也喜欢看这本书，这说明提供美的视觉感觉是吸引人阅读的第一步，看来做好图文排版设计真的十分重要。"

　　请结合案例，思考以下问题。

　　（1）你在翻看一本书、一本杂志或一份报纸时，首先会注意什么？

　　（2）你会因为图书排版精美而阅读一本书吗？

　　（3）你平时是否会关注各种刊物的排版效果，哪些排版样式给你的印象较深？

　　（4）如果你需要制作一篇文档，你会专门为文档设计排版效果吗？

 三、课堂测验

（一）选择题

1. ［多选］使用 WPS 文字可以实现（　　）等功能。

　　A. 图文混排　　　　　　　　　B. 图文表混排

　　C. 图文表与程序对象的混排　　D. 表、图示、程序对象的混排

2. ［单选］为了丰富文档内容，可以根据需要在文档中插入（　　）等对象。

　　A. 多媒体、口令、证书、表单

　　B. 图片、艺术字、文本框、表单、签名

　　C. 图片、艺术字、文本框

　　D. 表单、签名、多媒体、协作

3. ［单选］如果要在 WPS 文字中插入图片，需要在（　　）选项卡中单击"图片"按钮，在其中选择需要插入的图片。

　　A. 图片　　　　　　　　　　　B. 图表

　　C. 插入　　　　　　　　　　　D. 图像

4. ［单选］刚插入 WPS 文字中的图片的环绕文字方式默认为"嵌入型"，此时可以通过在（　　）选项卡中单击"环绕"按钮，并选择其他选项来改变图片的嵌入状态。

　　A. 图片格式

　　B. 图片状态

　　C. 图片样式

　　D. 图片工具

5. ［单选］如果要在 WPS 文字中插入文本框，需要在（　　）选项卡中单击"文本框"按钮，在弹出的下拉列表中选择"横向"选项，然后拖曳鼠标绘制文本框。

    A. 插入　　　　　　　　　　　　B. 对象

    C. 文本　　　　　　　　　　　　D. 文字

6. ［单选］在 WPS 文字中插入文本框后，可以在"绘图工具"选项卡中对其（　　）进行设置。

    A. 形状样式、排列方式、大小等

    B. 形状样式、排列方式、主题、颜色、背景等

    C. 主题、颜色、背景、段落间距、边框等

    D. 形状样式、排列方式、大小、主题、颜色、背景等

7. ［单选］在"目录"对话框中，可以设置目录的（　　）等。

    A. 级别、样式　　　　　　　　　B. 格式和显示级别

    C. 页码、样式　　　　　　　　　D. 级别、类型

8. ［单选］在提取目录时，首先应确保文档中的内容具有级别，可以选择需要设置级别的段落，打开"段落"对话框，在（　　）下拉列表中选择相应的级别。

    A. 特殊　　　　B. 缩进　　　　C. 大纲级别　　　　D. 设置

9. ［单选］（　　）是指在图片、表格等对象的上方或下方添加的带有编号的说明信息。

    A. 文本框　　　　B. 尾注　　　　C. 脚注　　　　D. 题注

10. ［单选］在"题注"对话框中，可以对（　　）等进行设置。

    A. 题注内容、题注日期、题注标签

    B. 题注日期、题注标签、题注位置

    C. 题注内容、题注日期、题注位置

    D. 题注内容、题注标签、题注位置

11. ［单选］（　　）位于文档页面底部，用于对当页的某些内容进行注释或说明。

    A. 脚注　　　　B. 尾注　　　　C. 标记　　　　D. 题注

12. ［单选］在 WPS 文字中添加脚注时，可以在（　　）选项卡中单击"插入脚注"按钮，插入点将自动跳转至当前页面下方，此时便可输入需要添加的脚注文本内容。

    A. 插入　　　　　　　　　　　　B. 引用

    C. 布局　　　　　　　　　　　　D. 视图

13. ［单选］（　　）位于文档末尾，用于集中说明整个文档的情况或列出引文的出处等。

    A. 题注　　　　B. 尾注　　　　C. 标记　　　　D. 脚注

14. ［单选］当需要大量生成相同格式和内容的文档时，可以使用 WPS 文字的（　　）功能来实现。

A．邮件合并　　　　B．比较　　　　C．合并　　　　D．对比

15．［单选］（　　）主要是指将版面的各种构成要素（如文本、图形、色彩等）通过点、线、面的不同组合与排列，体现不同的视觉效果，起到传递信息和美化版面的作用。

A．排版　　　　B．版式设计　　　　C．图文排列　　　　D．图文组合

16．［多选］常见的版式设计类型包括（　　）。

A．严谨型版式设计　　　　　　　　B．全图型版式设计

C．轻松型版式设计　　　　　　　　D．图文混排型版式设计

17．［单选］（　　）较常应用于各种出版物的封面或插图页面。

A．图文混排型版式设计　　　　　　B．全图型版式设计

C．轻松型版式设计　　　　　　　　D．严谨型版式设计

18．［单选］（　　）较常应用于报纸杂志内页，其版式设计灵活多变。

A．轻松型版式设计　　　　　　　　B．全图型版式设计

C．严谨型版式设计　　　　　　　　D．图文混排型版式设计

19．［单选］对于文档编排来说，美学代表的是通过（　　）展现出自然美感。

A．文字、形状、特殊效果、颜色　　B．色彩、版面、图文、多媒体

C．色彩、版面和各种文档元素　　　D．文字、形状、颜色、文档元素

20．［单选］在制作文档时，我们通过对版面上（　　）的逻辑思考，可以打破固定和呆板的版面空间，让版面更加灵活、生动，这也会极大地提高文档的美观性。

A．点、线、面　　　　　　　　　　B．版面、色彩、图文

C．色彩、图形、文字　　　　　　　D．点、线、面、形状

（二）填空题

1．插入图片后，我们可以根据需要调整图片的＿＿＿＿＿＿＿＿、位置和角度等。

2．在＿＿＿＿＿＿＿＿选项卡中单击"艺术字"按钮，在弹出的下拉列表中可以选择艺术字样式。

3．当文档内容较多时，为了让使用者更清晰地了解文档的结构和内容，并引导其阅读，可以在文档前面插入＿＿＿＿＿＿＿＿。

4．在WPS文字中插入目录时，需要在＿＿＿＿＿＿＿＿选项卡中单击"目录"按钮。

5．目录提取的是具有＿＿＿＿＿＿＿＿的段落内容，因此在插入目录之前，需要为各级标题段落指定对应的大纲级别。

6．＿＿＿＿＿＿＿＿、脚注和尾注是补充说明文档内容的工具。

7．在WPS文字中插入尾注的方法为，在"引用"选项卡中单击＿＿＿＿＿＿＿＿按钮，插入点将自动跳转至文档末尾，此时可按需要输入相应的注释文本内容。

8．＿＿＿＿＿＿＿＿版式设计较常应用于书籍。

9. ＿＿＿＿＿＿＿＿往往以图像撑满页面，用少量文本进行说明，有较强的视觉冲击力。

10. 美学最根本也最直接的作用是＿＿＿＿＿＿＿＿。

（三）判断题

1. 作为使用率较高的文档处理工具之一，WPS 文字在图文编排上的功能是十分丰富和强大的。　　　　　　　　　　　　　　　　　　　　　　　　　　　　　　　（　　）

2. 在 WPS 文字中插入图片后，可以立刻像拖曳图形一样来改变图片的位置。（　　）

3. 在 WPS 文字中绘制文本框时，只能通过拖曳鼠标进行绘制。　　　　　（　　）

4. 无论是艺术字还是文本框，都可以进行各种格式和效果的设置。　　　（　　）

5. 如果文档中添加了题注的对象的数量和位置发生变化，WPS 文字不会自动更新题注编号，需要使用者手动调整。　　　　　　　　　　　　　　　　　　　　　　（　　）

6. 若要制作大量格式和内容相同的邀请函，可以使用 WPS 文字的合并功能。（　　）

7. 图文混排型版式设计往往表现为竖向通栏、双栏等形式，使用大量文本和少数图片混合排列，给人严谨、和谐、理性的感受。　　　　　　　　　　　　　　　　（　　）

8. 图文混排型版式设计的风格突出了美观、精致等效果。　　　　　　　（　　）

9. 美学最直接的体现是绘画，就文档而言，绘画这种表现手法多借助于图形、图像、文字等具体化的对象来展现。　　　　　　　　　　　　　　　　　　　　　　（　　）

10. 图形是表现美学的重要手段之一，它是构成美学的逻辑规则。　　　（　　）

（四）简答题

1. 如何在 WPS 文字中插入图片、艺术字、文本框等对象？

2. 哪些类型的文档适合插入目录？

3. 什么是题注、脚注和尾注？其作用分别是什么？

4. 如何通过 WPS 文字批量制作成绩单？

5. 书籍、封面、报纸杂志内页分别适用哪一类版式设计，为什么？

6. 美学的作用是什么？美学有哪些表现手段？

（五）操作题

1. 按下列要求制作"邀请函 .wps"文档（配套资源 :\ 效果文件 \ 模块 3\ 邀请函 .wps），部分效果如图 3-21 所示。

图 3-21

（1）新建文档，在其中插入"邀请函背景 .jpg"图片（配套资源 :\ 效果文件 \ 模块 3\ 邀请函背景 .jpg），将图片布局设置为"衬于文字下方"，然后调整图片的大小。

（2）绘制文本框，在其中输入文本，设置文本的格式为"楷体、小二、白色"，为第二、三段文本设置"首行缩进2字符"，将最后两行文本设置为"右对齐"，然后调整文本框的大小和位置。

（3）选中"小姐/先生："文本，加粗并应用内部阴影效果。

2．打开"邀请函1.wps"文档（配套资源:\效果文件\模块3\邀请函1.wps），按下列要求添加被邀请人的姓名，批量制作邀请函，部分效果如图3-22所示。

（1）打开"邀请函1.wps"文档（配套资源:\素材文件\模块3\邀请函1.wps），在"引用"选项卡中单击"邮件"按钮，激活"邮件合并"选项卡，单击"打开数据源"按钮。

（2）打开"选择数据源"对话框，在其中选择"客户资料表.et"文件。

（3）将插入点定位到"小姐/先生："文本左侧，在"邮件合并"选项卡中单击"插入合并域"按钮，在打开的对话框中选择"联系人"选项。

（4）选择插入的合并域，将文本格式设置为"加粗、下画线"。

（5）单击"合并到新文档"按钮完成合并，最后查看合并后的效果，并保存文档。

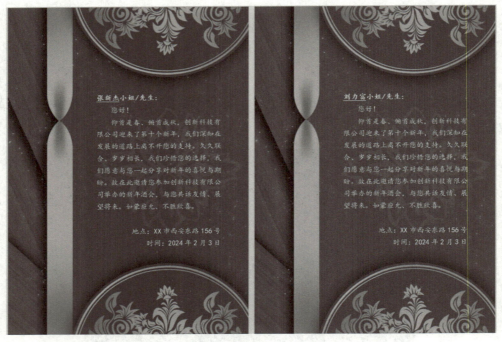

图3-22

3．打开"降低企业成本途径分析"文档（配套资源:\效果文件\模块3\降低企业成本途径分析.wps），按下列要求对其进行排版，部分效果如图3-23所示。

（1）打开"降低企业成本途径分析"文档（配套资源:\素材文件\模块3\降低企业成本途径分析.wps），为文档中的图片添加题注。

（2）为二级标题"四、合理使用机器设备、提高生产设备使用率"添加批注。

（3）为二级标题"四、合理使用机器设备、提高生产设备使用率"中的"多功能洗井清蜡车”添加脚注。

（4）提取目录。设置“制表符前导符”为第 2 个选项，“格式”为“正式”，“显示级别”为“2”。

提　　纲 -- 2

摘　　要 -- 3

降低企业成本途径分析 -- 4

一、加强资金预算管理 -- 4
二、节约原材料，减少能源消耗 -- 5
三、强化质量意识，推行全面质量管理工作 -- 6
四、合理使用机器设备、提高生产设备使用率 -- 6
五、实行多劳多得、奖惩分明的劳动制度，提高劳动生产率 -- 7

图 3-23

4. 灵活运用 WPS 文字中的图片、文本框、艺术字等对象，制作一幅“端午节”海报，要求按照报纸杂志内页的样式进行设计。

四、课后总结

请回顾本项目内容，对项目知识的学习情况进行总结。

1. 学习重难点

2. 学习疑问

3. 学习体会